Carsten und Frank Logemann / Chris Lukhaup • Faszination Bienengarnelen

Carsten und Frank Logemann / Chris Lukhaup

Faszination Bienengarnelen

Dähne Verlag

Der Verlag dankt Werner Klotz für die fachliche Beratung.

Bibliografische Information
der Deutschen Bibliothek

Die Deutsche Bibliothek verzeichnet diese Publikation in der Deutschen Nationalbibliografie; detaillierte bibliografische Daten sind im Internet über http://dnb.ddb.de abrufbar.

Carsten und Frank Logemann, Chris Lukhaup
Faszination Bienengarnelen
ISBN 978-3-935175-47-0

Lektorat: Thomas von der Heyde
Layout: Daniela Gröbel
Druck: Himmer, Augsburg
Printed in Germany

Inhalt

Vorwort

Die Bienengarnele ist heute eine der bekanntesten und beliebtesten Garnelenarten in der Aquaristik überhaupt und mit ihren vielen unterschiedlichen Farbformen ein echter Hingucker. Erst seit verhältnismäßig kurzer Zeit beschäftigen sich Züchter, besonders in Japan, intensiv mit diesen Tieren und haben bereits eine erstaunliche Farbenpracht herausgezüchtet. Auch wir sind diesen kleinen Krabblern verfallen und möchten den Lesern mit diesem Buch unsere Begeisterung für diese Tiere näher bringen.

Deshalb haben wir auch kein strenges Fachbuch verfasst. Auf diesem Gebiet ist in den letzten Jahren bereits eine Vielfalt unterschiedlichster Werke entstanden und auch mit unserer Garnelenfibel haben wir bereits einen beliebten Beitrag in diese Richtung geliefert. Deshalb soll dieses Fan-Buch einfach etwas mehr Hintergrundwissen über Bienengarnelen vermitteln, gute Praxistipps für die Zucht weitergeben und vor allen Dingen mit vielen Bildern Lust auf ein wunderschönes Hobby machen.

Ganz herzlich möchten wir uns bei allen bedanken, die uns bei der Realisierung dieses Buches unterstützt haben. Dies gilt insbesondere für die Garnelenfreunde aus Deutschland, die uns Einblick in ihr Zuhause gewährten, Andreas Karge, der uns mit seinem Reisebericht nach Hongkong entführte und natürlich Hirotaka Sato, der für uns ein unentbehrlicher Reisebegleiter in Japan war, sowie dem bekannten Züchter Takayuki Shirakura, der speziell für dieses Buch viele hilfreiche Tipps gab, um die Begeisterung und Freude an der Haltung nicht mit Enttäuschung enden zu lassen.

Wir wünschen viel Spaß beim Lesen!
Die drei Garnelenverrückten

Carsten und Frank Logemann, Chris Lukhaup

Canon

Die Bienengarnele

Ein Porträt

Herkunft unbekannt?

Als natürliches Herkunftsgebiet der Bienegarnele (*Caridina* cf. *cantonensis* 'Biene') beschreibt die Literatur den Großraum Hongkong, exakte Angaben zu Fundorten finden sich allerdings nicht. *Andreas Karge*, ein bekannter Garnelenfachmann und Buchautor, hat sie leider auf einer Expedition vor Ort nicht finden können und noch heute wird von den einheimischen Fängern ein Geheimnis daraus gemacht, wo genau sie vorkommt. Andreas Karge hat dort aber zumindest die *Caridina serrata*, eine nahe Verwandte der Bienengarnele aufgespürt und einen Reisebericht (s. Seite 14) über seine Expedition geschrieben.

Glücklicherweise haben sich in den Jahren sehr viele Züchter dieser Garnelenart angenommen und Aquarianer sind schon lange nicht mehr auf Wildfänge angewiesen. Die genauen Lebensbedingungen und Wasserwerte wären aber natürlich weiterhin sehr interessant, auch wenn sich viele Flüsse in und um Hongkong nicht sonderlich stark voneinander unterscheiden und man die Bedingungen vermuten kann. Um Neugier und wissenschaftlicher Wissbegierde Rechnung zu tragen, wird es sicher in Zukunft weitere Expeditionen nach Fernost geben, denn neuen Vermutungen und geheimen Insidertipps von wissenschaftlichen Kollegen muss schließlich nachgegangen werden.

Die Bienengarnele *Caridina* cf. *cantonensis* 'Biene' wie sie in der Natur vorkommt.

Wie hat alles angefangen

Die Bienengarnele in ihrer Urform wurde Ende der 1980er-Jahre in der Aquaristik bekannt und erweckte das Interesse einiger weniger Züchter aus Asien. Der Siegeszug begann im deutschsprachigen Raum erst in den ersten Jahren des neuen Jahrtausends. Als in Japan schon die ersten roten Bienen für Begeisterung sorgten und begannen populär zu werden, waren bei uns die Amanogarnelen die Vorreiter. Angepriesen als unschlagbare Algenpolizei, wie sie auch vom Namensgeber Takashi Amano in seinen Naturaquarien eingesetzt werden, eroberten sie, wenn anfangs auch oft nur als „Mittel zum Zweck", schnell die Herzen vieler Aquarianer. Man begann sich mit den Lebensbedingungen, der Haltung und Zucht zu beschäftigen, was sich anfänglich als äußerst schwierig herausstellte, da es praktisch keinerlei deutschsprachige Literatur, bzw. Informationen im Internet gab. Vielen begeisterten und engagierten Garnelenverrückten ist es zu verdanken, dass sich dieser Umstand relativ schnell änderte und damit immer mehr Leute auf die kleinen Krabbler aufmerksam wurden. Neue Informationen tauchten auf, weitere Arten kamen nach Europa und die Begeisterung, besonders für die intensiv gefärbten Farbformen der Bienengarnele, wuchs stetig. Mittlerweile gibt es eine Vielzahl von Arten und Farbvarianten und die Garnelen haben sich einen festen Platz in der Aquaristik und in vielen Herzen erobert.

Wie fast alle Zwerggarnelenarten lieben sie Mooskugeln als Weidegrund für kleinsten Algenwuchs und Schwebeteilchen aller Art.

Von der Naturform bis hin zu solch deckenden Farben ist es züchterisch ein weiter Weg ...

Aussehen und Beschreibung

Überwiegend haben die Bienengarnelen in der Natur einen schwarz-transparenten Körper, eine unregelmäßige weiße Bänderung, ein leicht oranges Gesicht sowie einen ebenfalls mehr oder weniger orangefarbenen Schwanzfächer mit weißer Punktierung.

Ob und in welchem Umfang auch in der Natur bei Bienengarnelen rote, weiße oder auch andere Farbformen vorkommen, ist mangels einer verlässlichen Forschung noch nicht geklärt. Zumindest bei anderen Arten wie Tiger- und Hummelgarnelen tauchen, wenn auch sehr selten, immer wieder vereinzelt rote Tiere in unserer Zuchtanlage auf. Ob dies auch für die Natur zutrifft, können wir nicht beurteilen, denkbar wäre es.

Bezeichnungen

Der Leser wird in den einzelnen Kapiteln des Buches erkennen, dass manche Züchter von Crystal-Red-Garnelen, andere von Red-Bee-Garnelen sprechen. Die Benennung der Tiere, wie auch die Bezeichnung der einzelnen „Qualitätsklassen", wird gerade im deutschsprachigen Raum viel diskutiert. Zurückzuführen sind diese Diskussionen auf die Frage, ob für das Erreichen höherklassiger Tiere die Einkreuzung einer anderen Art, von den Japanern als New Bee bezeichnet, notwendig war oder alleine durch Zuchtaus-

Eine nahe Verwandte der Bienengarnele ist die Tigergarnele. Hier eine komplett schwarze Zuchtvariante mit leicht bläulichem Schimmer.

Mischlinge zwischen Bienen- und Tigergarnelen in unterschiedlichen Farbausprägungen.

Weiße Variante der Bienengarnele mit schöner Schwanzzeichnung.

Typische kristallrote Bienengarnele 'Crystal Red'.

wahl eine Steigerung der Farbdichte und Erhöhung des Weißanteiles erreicht werden konnte. Auch die japanischen Züchter sind in dieser Frage durchaus geteilter Meinung. Nicht zuletzt aufgrund unserer Gespräche mit verschiedenen japanischen Züchtern, favorisieren wir ganz klar die Meinung, dass die meisten Hochzuchttiere auf strenge Zuchtauswahl zurückzuführen sind.

In Japan stellt sich die Frage nach der Bezeichnung der roten Bienengarnelen schon deshalb nicht, da sich der Züchter *Hisayasu Suzuki* den Begriff Crystal Red schützen hat lassen, die kommerziellen Zuchten in Japan ihre Tiere deshalb nicht unter diesem Namen vermarkten dürfen. Da der Markenschutz sich aber nicht auf den deutschsprachigen Raum bezieht, dürfen wir hier unsere Tiere als Crystal Red bezeichnen.

Mini-Steckbrief:

Lebenserwartung: ca. 2 Jahre
max. Größe: ca. 25 bis 30 mm
Temperatur: ca. 18 bis 27 °C
pH-Wert: ca. 6,0 bis 8,0
Gesamthärte: bis ca. 20 °dGH
Verhalten: sehr friedlich
Futter: Allesfresser; Algen, Flocken- und Frostfutter, Gemüse, Futtertabs
Vermehrung:
Weibchen trägt ca. 20–30 Eier. Nach 4 Wochen Tragzeit entlässt sie ungefähr 1,5 mm kleine, fast vollständig entwickelte Jungtiere

Andreas Karge

Wilde Bienen aus Hongkong?

Auf der Suche nach Bienengarnelen

Wie alles begann

Noch gut kann ich mich an meine ersten Garnelen erinnern, die ich damals aus reiner Neugierde von einer Aquarianerbörse mitnahm. Die sechs Bienengarnelen entschlossen sich auch bald zur Fortpflanzung, das Garnelenfieber war in mir geweckt. In der Folge beschäftigte ich mich immer intensiver mit diesen Tieren, versuchte Herkunft und gültige wissenschaftliche Bezeichnung herauszufinden. Die Bienengarnelen wurden früher als *Neocaridina serrata* oder *Caridina serrata* bezeichnet, wobei seinerzeit in der Aquaristik kaum etwas über die genauen Artenunterschiede bekannt war. Inzwischen ist die damalige Bezeichnung als ungültig erkannt. Ihr Ursprung basierte auf zwei Artikeln von David Dudgeon, der sich an der Hongkong University intensiv mit der dortigen Fauna beschäftigt. Von ihm stammen auch die Angaben zur Herkunft der Tiere wie etwa Lam Tsuen, einem größeren Fluss in den New Territories auf dem Festland. Da die ersten Importe vermutlich über Hongkong nach Europa kamen, wurden die wenigen greifbaren Angaben auf die Bienengarnelen übertragen. Fortan hießen die Tiere *Neocaridina serrata* und stammten aus dem Lam Tsuen River in Hongkong. Bei meinen Recherchen stieß ich bald auf eine wissenschaftliche Arbeit aus dem Jahr 1999 von Yiong Cai. Es handelte sich hierbei um die Revision einer ganzen Artengruppe um *Caridina serrata* mit damals acht bekannten Arten.

Ein kurzer Ausflug in die Wissenschaft

Kennzeichnend für diese Artengruppe ist zunächst ein ungewöhnlich langer Stylozerit, einer Hornschuppe im Kopfbereich. In der Arbeit von Yiong Cai wurde dann festgestellt, dass es sich bei den von Dudgeon erwähnten Tieren keinesfalls um *Caridina serrata* oder gar um einen Vertreter der Gattung *Neocaridina* handelt. Vielmehr waren diese Exemplare *Caridina cantonensis* zuzuordnen, einer in Südchina sehr weit verbreiteten und äußerst variablen Art. *Caridina serrata* selbst wurde bereits 1860 vom Amerikaner William Stimpson gesammelt, aber nur mit kurzen knappen Worten beschrieben. Er fand seine Tiere auf Hongkong Island in Bergbä-

Die in Hongkong gefundenen Garnelenarten sind eher schlicht gefärbt. Im Handel angebotene Hummelgarnelen stammen aus der Provinz Guangdong.

chen am Victoria Peak. Seine Funde wurden 1917 von Stanley Kemp bestätigt, trotzdem rechnete E. L. Bouvier 1925 *Caridina serrata* in seiner Atyiden-Übersichtsarbeit zu den eher zweifelhaften Arten. Als Begründung gab er Stimpsons unzureichende Beschreibungen an. Darüber hinaus waren 1871 aber auch die Belegexemplare bei einem großen Brand in Chicago verloren gegangen und daher leider nicht mehr nachprüfbar. David Dudgeon hatte 1997 weitere Tiere gesammelt, darunter auch auf Hongkong Island. Diese wiesen wiederum eine große Übereinstimmung mit Kemps Exemplaren auf. Da die Gültigkeit von *Caridina serrata* nun bestätigt war, wurden diese Tiere von Yiong Cai als neue Typusexemplare festgelegt.

Weitere Funde der Art sind bislang nicht bekannt, *Caridina serrata* gilt demnach als endemisch auf Hongkong Island. Innerhalb der „*serrata*"-Artengruppe wurden aus Hongkong 1999 noch *Caridina apodosis* (ein Fundort) und 2003 *Caridina trifasciata* (zwei Fundorte) beschrieben. Als Unterscheidungsmerkmale der Artengruppe – neben dem bereits erwähnten langen Stylozerit, gelten die dorsalen Rostrumzähne auf dem Carapax sowie die weit entwickelten Larven, die quasi als fast fertige Jungtiere freigesetzt werden. Als sehr wichtiges Merkmal gilt jedoch die Ausbildung von kleinen Anhängen (Endopoden) an den ersten männli-

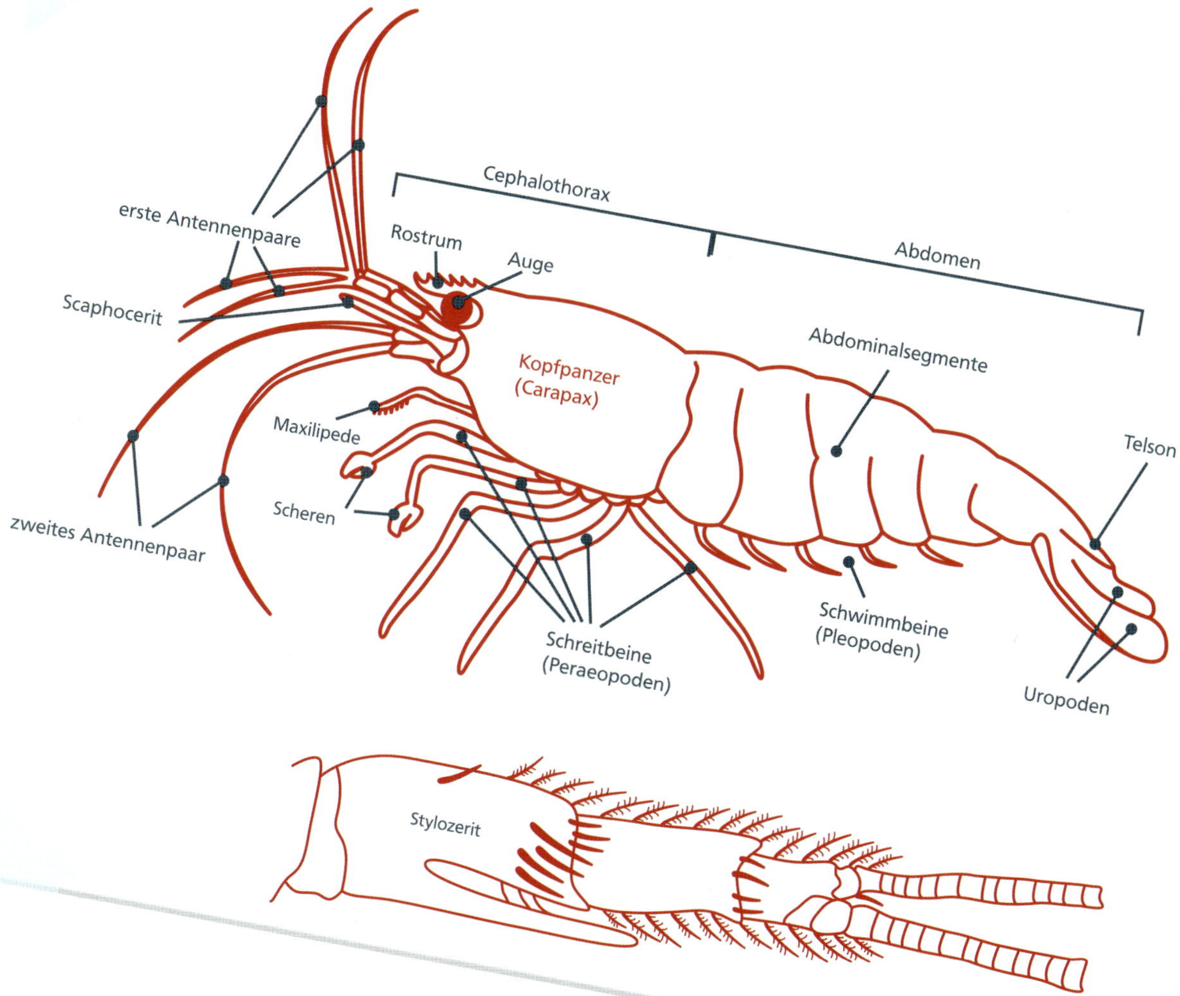

Im Stadtviertel Mong Kok befinden sich sehr viele Zoohandlungen. Hier werden Fische und Garnelen auch gleich fertig verpackt in Tüten angeboten.

chen Schwimmbeinpaaren (Pleopoden). Die Endopoden bilden sozusagen die äußerlichen männlichen Geschlechtsorgane, die nach allgemeiner Auffassung eine Hybridisierung eigentlich ausschließen sollten. Bei den Bienengarnelen ist dieses Körperteil schwach diagonal gefaltet und daher entspricht es der Ausbildung von *C. cantonensis* wie wir sie heute kennen. Allerdings gibt es auch hier eine kleine Schwierigkeit. Denn die ursprünglichen, inzwischen ebenfalls verloren gegangenen Exemplare aus der Gegend um Kanton zeigten bei der Erstbeschreibung durch Yü 1938 noch ungefaltete Endopoden, die wir so übrigens auch bei *C. serrata* finden. Auf äußerliche Zeichnungen oder Färbungen wird in der Literatur so gut wie nie eingegangen, sie kann zur Spezifikation nur selten herangezogen werden.

Erste Überlegungen und Planungen

Meine Recherche schien sich zu einer spannenden Angelegenheit zu entwickeln. Die Bienengarnelen sollten vom Lam Tsuen River stammen, der sich auf dem Festland befindet. Die Tiere wurden als *C. serrata* bezeichnet, die wiederum nur von Hongkong Island belegt ist. Morphologisch zeigen sie dagegen Merkmale der weit verbreiteten und variablen *C. cantonensis*. Allmählich reifte der Entschluss, mit meiner Frau nach Hongkong zu reisen und der Sache auf den Grund zu gehen.

Da die Zeit knapp bemessen war und wir nicht wussten, was uns erwartete, konzentrierten wir uns auf die Fundortangaben in Yiong Cai's Revisionsarbeit. In den New Territories war das die Kadoorie-Farm in unmittelbarer Nähe des Lam Tsuen River sowie der Fluss selbst. An diesen beiden Orten sollte *C. cantonensis* zu finden sein. Als Fundort von *C. apodosis* war Tai Tong angegeben. Und nicht zuletzt sollte natürlich auch der einzige Fundort von *C. serrata* auf der Insel besucht werden, der mit „a small mountain stream at a hill above Bekhers" beschrieben war. Leider enthielten die Fundortangaben keine GPS-Daten, die Suche konnte daher nur über Kartenmaterial realisiert werden. Und damit begannen die ersten Schwierigkeiten, denn brauchbare Karten waren nicht einfach zu beschaffen. Der Lam Tsuen und die relativ bekannte Kadoorie-Farm waren schnell lokalisiert. Tai Tong kam zwar mehrfach vor, aber hier entschlossen wir uns, es mit der Stadt südlich von Yuen Long zu versuchen. Deutlich schwieriger gestaltete sich die Suche nach „Hill above Bekhers" auf Hongkong Island, denn dieser war nicht ermittelbar. Erst eine zweite Karte löste das Rätsel. Es handelte sich einfach um einen Schreibfehler. „Hill above Belchers" liegt westlich vom Victoria Peak, aus „lc" wurde versehentlich ein „k" gemacht. Laut Karten gab es hier nur zwei kleine Bäche, der Fundort sollte demnach einfach zu finden sein.

Hongkong Island

Unterstützung vor Ort kann nie schaden. Daher stand ich bereits seit einiger Zeit mit David Dudgeon in Kontakt. Er kannte die Fundstellen sicher bestens und konnte uns vermutlich hilfreiche Tipps geben. Unser Kontakt entwickelte sich anfangs auch erstaunlich gut. Eine der von ihm betreuten Studentinnen sollte uns begleiten, da sie ebenfalls am Thema Süßwassergarnelen arbeitete. Leider kam kurz vor Abflug eine ziemlich abrupte Absage. Ich war darüber sehr erstaunt und rätselte vergeblich, womit ich ihn verärgert haben könnte. Die wirklichen Beweggründe wurden erst später klar.

Am Tag nach der Ankunft war eine Tour über die Insel geplant. Während der Fahrt fielen mir erstmals die vielen Betonbefestigungen auf, mit denen Böschungen und Wasserläufe versehen waren. Sie sollen bei starken Regenfällen das Wasser kanalisieren und dienen so dem Hochwasserschutz. Wir

Kontraste in Aberdeen: moderne Wohnhäuser mit traditionellen Fischerbooten und ein schwimmendes Restaurant.

wollten zu den Fischmärkten in Aberdeen an der Südküste und mussten daher bereits früh aufstehen. Wie jeder Fischmarkt ist auch hier zu früher Stunde der stärkste Betrieb. Für mich am interessantesten waren natürlich die angebotenen Krebstiere. Die Gegend um Aberdeen spiegelt sehr stark die Gegensätze in Hongkong wieder. Eine noch relativ hohe Anzahl traditioneller Wohnboote steht im starken Kontrast zu den schmucklosen Wohnkasernen am Ufer. Die zweite Tageshälfte sollte dann aber ganz im Zeichen von *Caridina serrata* stehen. So fuhren wir also mit der alten Zahnradbahn hinauf zum Victoria Peak, mit über 550 m der höchste Berg der Insel. Auch an diesem Tag war es sehr diesig und wolkenverhangen, von der tollen Postkarten-Aussicht keine Spur. Die Bahn endet am Victoria-Tower. Von hier wollten wir ein Stück abwärts wandern und einige kleine Bäche erkunden. Leider hatte inzwischen ein sehr heftiger Regen eingesetzt und wir beschlossen nach einiger Beratung, unsere Suche an dieser Stelle abzubrechen. Die Peak Tram brachte uns wieder hinunter und ich war verständlicherweise etwas verstimmt. Doch da war ja noch der „Hill above Belchers", möglicherweise fanden wir ja trotz der fortgeschrittenen Tageszeit dorthin. Wir nahmen uns ein Taxi und versuchten dem Fahrer anhand der Karte unser Ziel verständlich zu machen. Was auch erstaunlicherweise gut gelang.

Caridina serrata

Der Berg liegt innerhalb des Lung Fu Shan Country Parks und erwies sich als sehr gut zugänglich. Wir hatten keine Zeit zu verlieren, denn die Sonne senkte sich langsam und unerbittlich herab. Wir schritten den Hauptweg bergauf in der bangen Hoffung, bald die beiden Bäche zu finden. Der erste war leider nicht zugänglich, da Zäune deutlich machten, dass es sich hier um privates Gelände handelte. Nachdem wir den Berg weiter anstiegen, fanden wir bald auch den zweiten Bach. Zumindest den zweiten, der um diese Jahreszeit Wasser führte. Denn kleinere, nun allerdings trockene Wasserläufe, waren recht häufig vorhanden. Diese waren übrigens fast immer mit einem Schild versehen, das auf die Einbringung von Insektenschutzmitteln hinwies. Am Bach W21, wie ich ihn inzwischen nenne, fehlte ein solcher Hinweis. Insgesamt bot der kleine Wasserlauf ein eher enttäuschendes Bild. Eine kleine Anstauung schien mir zumindest geeignet, etwas näher untersucht zu werden. Wasserpflanzen fehlten hier völlig, der sandige Bodengrund des wenige Zentimeter flachen Gewässers war mit Steinen, Laub und kleineren Ästen bedeckt. Eher hoffnungslos zog ich vorsichtig den Kescher darüber und war erstaunt, einige wenige Garnelen darin zappeln zu sehen. Nach einigen weiteren Fangversuchen wurden die Wasserwerte aufgenommen und GPS-Daten

In diesem steinigen Bachlauf auf Hongkong Island lebt *Caridina serrata*.

Typische Stelzenhäuser in
Tai O auf Lantau Island.

Caridina cantonensis wurde in Laubansammlungen eines kleinen Baches auf der Kadoorie-Farm gefunden.

ermittelt. Die Wassertemperatur betrug erwartungsgemäß 17 °C, der pH lag bei 6,0 und der Leitwert 77 µS. Bis zum Gipfel in 266 m Höhe schafften wir es dann wegen der einsetzenden Dämmerung leider nicht mehr, obwohl ich mir gerne noch die Quelle des Baches angeschaut hätte. Glücklich über unseren Fund traten wir die Rückreise zum Hotel an, ein Doppelstockbus brachte uns ziemlich rasant hinunter zum Hafen, von wo uns nach kurzer Wartezeit die Fähre zum Festland brachte. Eine schnelle Prüfung im Hotel am Mikroskop ergab: Diese Tiere gehören eindeutig zur *serrata*-Gruppe. Die genauere Untersuchung zu Hause bestätigte dann, dass wir *Caridina serrata* gefunden hatten. Allerdings waren unsere Tiere ziemlich transparent und keinesfalls mit den Bienengarnelen vergleichbar, auch wenn stimmungsabhängig eine gewisse Färbung festgestellt werden konnte. Entspannt und froh über den Fund, ließen wir den Tag in einem einheimischen Restaurant ausklingen.

Tai Tong

Der folgende Tag sollte uns die New Territories näher bringen. Wir hatten dazu eine Rundreise gebucht, die Dank unserer kleinen Reisegruppe auch sehr angenehm und informativ war. Am darauffolgenden Tag starteten wir dann unsere geplante Tour zu den Fundstellen auf dem Festland. Unsere Fahrt führte uns zuerst über die Autobahn 3 in nördlicher Richtung nach Yuen Long, in deren Umfeld sich das küstennahe Schwemmland mit vielen Teichen befindet. Auch hier waren wieder für unsere Augen unfassbare Betonbauten zu sehen, mit denen Flüsse in ein künstliches Bett gezwungen wurden. Nach kurzer Fahrt in südlicher Richtung erreichten wir die Kleinstadt Tai Tong. Da wir nicht genau wussten, wo wir die Suche starten sollten, folgten wir einfach einer ansteigenden Straße. Laut Karte sollte sie irgendwann in einem hügeligen Gebiet enden, was auch wirklich der Fall war. Leider war weit und breit kein Wasser zu entdecken. Zwar waren ausreichend betonierte Wasserläufe vorhanden, die jedoch trocken waren. Ziemlich enttäuscht wollten wir weiter in Richtung Kadoorie, doch der Zufall half uns. Wir nahmen für die Weiterfahrt eine andere Strecke und fuhren plötzlich verblüfft an einem großen Schild mit großem Wasserfall und Aufschrift „Tai Tong" vorbei. Das Ganze entpuppte sich als ein erstaunlich gut besuchter Freizeitpark mit einigen Teichen und Kinderspielplätzen. Doch wo war der Wasserfall? Wir wanderten entlang der Teiche, die ja wohl irgendwo einen Zufluss haben sollten und entdeckten bald ein Hinweisschild. Abseits vom Park gibt es eine hohe steinerne Klippe, die wir über einen schmalen Pfad erreichten. Ein kleines Rinnsal ergoss sich hier und speiste eine kleine Anstauung, die dann als kleiner Bach talwärts plätscherte. Wasserpflanzen waren keine vorhanden, der sandige Bodengrund war mit kleinen Zweigen und Laub bedeckt. Fast unvorstellbar, dass zu anderen Jahreszeiten ein starker Wasserfall den Bach zu einem kleinen Fluss anschwellen lässt. Doch es gab hier Leben, einige mittelgroße Fische flüchteten blitzschnell

Rot-weiße und schwarz-weiße Bienengarnelen an einem Spinatblatt ...

Schön zu erkennen, die beiden weißen Flecken im vorderen Bereich des roten Bandes – die sogenannte Maro-Ten-Zeichnung.

in Steinspalten am Uferbereich. Nach einigen Versuchen hatten wir auch einige recht farblose Garnelen im Kescher. Wir glaubten, hier den Typusfundort von *C. apodosis* gefunden zu haben und die spätere Untersuchung bestätigte auch das arttypische lange Rostrum. Allerdings war es nicht so lang wie aus Cai's Beschreibung, jedoch deutlich länger als von *C. cantonensis* bekannt. Auch hier war das Wasser mit 14,9 °C recht kühl, der pH betrug 6,9 bei einem Leitwert von 39 µS.

Kadoorie-Farm und Lam Tsuen River

Gut gelaunt setzten wir die Reise fort. Der Eingang zur Kadoorie-Farm liegt direkt an der Lam Kam Road, die größtenteils durch das Lam Tsuen Valley führt. Ursprünglich wurde Kadoorie als Gemüsefarm angelegt, heute ist der botanische Garten ein beliebtes Ausflugsziel. Vom Eingang führen mehrere Wege bis hoch zum Gipfel in über 600 m Höhe, von wo sich ein kleiner Bach durch die Anlage talwärts schlängelt und später in den Lam Tsuen River mündet. Der Anstieg war relativ anstrengend und an einer kleinen Anstauung auf halber Höhe versuchten wir unser Glück. Der Boden war mit einer etwa 30 cm dicken Laubschicht bedeckt, in der sich erstaunlich viele Garnelen verbargen. Zu unserer Überraschung war auch ein größeres, tragendes Tier darunter, was wir bei der niedrigen Wassertemperatur von 14,2 °C nicht erwartet hatten. Wie schon an den anderen Lokationen war das Wasser mit pH 6,8 und einem Leitwert 71 µS sehr weich und leicht sauer. Die leider nur bräunlichtransparenten Tiere erwiesen sich später eindeutig als *C. cantonensis*. Aus Zeitgründen verzichteten wir auf den weiteren Anstieg und wollten lieber noch dem Lam Tsuen River einen Besuch abstatten. Da dieser sich fast immer in Sichtweite der Straße befand, sollte das recht einfach sein. Allerdings dauerte es dann doch eine Weile, bis wir endlich eine geeignete Stelle fanden und anhielten. Zügig schritten wir auf einem kleinen Pfad talwärts in Richtung Fluss, als wir uns plötzlich drei großen Hunden gegenübersahen. Nun schienen die Tiere uns nicht gerade freudig begrüßen zu wollen. Ihre Aufgabe lag offensichtlich in der Bewachung eines für uns nicht erkennbaren Grundstückes. Das Ziel greifbar vor Augen, entschlossen wir uns daher lieber zu einem vorsichtigen Rückzug, der auch verlustfrei gelang.

Endlich Bienengarnelen!

In Hongkong City gibt es einige spezielle Märkte, viele davon befinden sich im Stadtviertel Mong Kok. So ist zum Beispiel der Goldfischmarkt sehr bekannt und wird in einigen Reiseführern erwähnt. Der Anblick der sich plötzlich aneinander reihenden unzähligen Zoogeschäfte ist wirklich erstaunlich. Viele Geschäfte bieten ihre Tiere bereits fertig in Tüten verpackt an der Straße an. Dieser Anblick war für uns wirklich gewöhnungsbedürftig, nach Aussage eines Händlers werden die Tüten aber täglich erneuert. Einige wenige Händler boten auch Garnelen an, neben Tiger- und Tüpfelgarnelen waren auch transparente und fast schwarze Tiere im Angebot. Letztere erwiesen sich später als *Neocaridina heteropoda*. In einem Geschäft wurden wir schließlich fündig, hier standen neben wunderschön gezeichneten Hummelgarnelen auch Bienengarnelen zum Verkauf. Deren Preise wichen allerdings im Vergleich zu den übrigen Tieren deutlich nach oben ab. Das machte uns stutzig, denn warum sollten angeblich heimische Tiere deutlich teurer sein als Importe? Der Händler erwies sich als zugänglich und berichtete uns, diese Garnelen würden aus Südchina kommen, keinesfalls jedoch aus Hongkong selbst. Draußen auf der Straße stapelten sich die Styroporboxen mit Frachthinweisen aus Singapur und mir wurde klar, dass es wohl doch keine wilden Bienen in Hongkong gab.

Ausblick

Wir hatten die wichtigsten Fundstellen der damals in Hongkong bekannten Arten aus der „*serrata*-Gruppe" besucht und dabei sogar den Typusfundort von *Caridina serrata* gefunden. Die Bienengarnele konnten wir in natürlichen

Literatur

Bouvier, E.L. (1925) Recherches sur la morphologie, les variations, la distribution geographique des crevettes des la famille des Atyides, Encyclopedie Entemologique, series A, 4: 1-370

Cai Y. & Ng N.K. (1999) A revision of Caridina serrata species group, with descriptions of five new species (Crustacea: Decapoda: Caridea: Atyidae), Journal of natural History, 1999, 33, 1603-1638

Dudgeon, D. (1985) The population dynamics of some freshwater carideans (Crustacea: Decapoda) in Hong Kong, with special reference to Neocaridina serrata (Atyidae), Hydrobiologica 120: 141-149

Dudgeon, D. (1987) The larval development of Neocaridina serrata (Stimpson (Crustacea: Decapoda: Caridea: Atyidae) from Hong Kong, Hydrobiologica 110: 339-355

Yam R.S.W. & Y. Cai (2003) Caridina trifasciata, a new species of freshwater shrimp (Decapoda: Atyidae) from Hong Kong, The Raffles Bulletin of Zoology, 2003, 51(2), 277-282

Gewässern nicht finden. Zumindest war aber der Nachweis erbracht, dass es sich bei den Bienen auf keinen Fall um *C. serrata* handelt. Die Bienengarnelen sollten vielmehr vom südchinesischen Festland stammen, vermutlich aus der Provinz Guangdong.

Unsere Reise fand im Frühjahr 2003 statt. Im gleichen Jahr überschlugen sich dann die Ereignisse. Von *Rita S.W. Yam* wurde aus Hongkong *C. trifasciata* als neue Art aus der „*serrata*-Gruppe" beschrieben. Das Manuskript wurde mir von David Dudgeon freundlicherweise zur Verfügung gestellt. Jetzt wurde auch der Grund für seine überraschende Absage klar. Europäische Newcomer schienen wohl bei der Neubeschreibung etwas störend. Die nächste Überraschung war eine Mitteilung eines chinesischen Sammlers vom Juni 2003. Ein *Mr. P. Y. Tang* gab hier Hinweise auf die Fundstellen diverser Garnelen, neben Tiger-, Tüpfel- und Nektarinengarnelen auch zu blauen Tigergarnelen und unseren Bienen. Neben der globalkonkreten Beschreibung der Fundstellen war auch eine Karte dabei, in der die Lokationen sehr weitläufig verzeichnet waren. Für eine zielgenaue Suche waren die Angaben nicht geeignet. Aber die Bienengarnelen sollten demnach in Hongkong zu finden sein! Untermauert wurde das Ganze durch Fotos, welche Tang beim Fang von eindeutig gestreiften Tieren zeigt.

Die Bienengarnele zeigt viele Merkmale von *C. cantonensis*, ohne dass sich die aquaristischen Populationen aber direkt dieser oder einer anderen Art zuordnen lassen. Möglicherweise stellt sie eine regional eng umgrenzte Variation von *C. cantonensis* dar, wie dies ähnlich auch von der australischen *C. zebra* bekannt ist, deren gestreifte Variation nur in einem Flussabschnitt vorkommt.

Eine weitere Reise nach Hongkong und in die südchinesische Provinz Guandong wird uns bald zu den Fundorten der Hummel- und Tigergarnelen führen. Pokman Tang wird uns dabei begleiten und mit etwas Glück können wir ihm doch noch den Fundort der Bienengarnelen entlocken, denn der ist ein streng gehütetes Geheimnis und angeblich nur zwei Familien bekannt. Bis dahin bleibt es also weiter spannend.

Kostbare rote Kristalle

Zeichnungs- und Farbmuster der Bienengarnele

Es soll im Jahre 1991 gewesen sein, als der japanische Bienengarnelenzüchter *Hisayasu Suzuki* in seinen Becken das erste rote Tier entdeckt hat. Durch ständige Rückkreuzung und Selektion der Jungtiere gelang es ihm im Laufe der Jahre, einen erbfesten Stamm rot gefärbter Bienengarnelen herauszuzüchten. Da sie ihn vielleicht an einen roten Kristall erinnerten, war ein Name schnell gefunden: „Crystal Red Shrimp" – Kristallrote Bienengarnele.

Als findiger Geschäftsmann lies sich Mr. Suzuki den Namen in Japan rechtlich schützen, sodass in der Folge viele Namen erfunden wurden. Red Zebra und Red Bee sind einige davon, wobei sich die Bezeichnungen Crystal Red und Red Bee auch bei uns durchgesetzt haben. Obwohl es schon vor den Erfolgen von Mr. Suzuki erste Importe roter Bienengarnelen aus Hongkong nach Japan gegeben haben soll, ist er auf jeden Fall derjenige, der sie im größeren Stil gezüchtet, vermarktet und damit auch populär gemacht hat. Mit seinen ersten roten Tieren war der Grundstein für die wohl beispiellose Karriere eines so kleinen Krabblers in der Aquaristik gelegt. Trotz der anfänglich extrem hohen Preise fand der *„rote Kristall"* in Asien schnell neue Liebhaber und hielt Einzug in zahlreiche Aquarien. Die Nachfrage stieg und der Ehrgeiz bei vielen Züchtern war geweckt. Als dann *Minoru Yamagishi*, ein Züchter, der nach eigener Aussage noch vor Suzuki rote und schwarze Bienengarnelen pflegte und züchtete, im Jahre 2001 mit einem Foto beim *ADA Naturaquarienwettbewerb* teilnahm, auf dem viele seiner farbintensiven rot-weißen Garnelen zu sehen waren, trat dies in Japan regelrecht eine Lawine los.

Schnell ging es darum, das Rot weiter zu intensivieren und den Weißanteil zu vergrößern. Ob und inwieweit die Ambition, die

Streit gibt es selten, aber das Gerangel bei der Fütterung ist meist groß.

Ein Laubblatt wird im Laufe der
Zeit bis auf das 'Gerippe' gefressen ...

japanische Nationalflagge (weißer Grund mit rotem Kreis als aufgehende Sonne in der Mitte) nachzuempfinden dabei eine Rolle gespielt hat, wissen wir natürlich nicht. Die Vermutung liegt aber nahe.

Im Streben nach Perfektion ging es den Japanern um eine ganz bestimmte Verteilung und Anordnung der Farbmuster, um die genaue und klare Abgrenzung zwischen den Farben, sowie die Dichte der Pigmentierung selbst. Bilder, die man damals im Internet hin und wieder auf japanischen Webseiten fand, machten schnell auch bei europäischen Liebhabern die Runde und ließen das Interesse auch hier stetig steigen. Viele japanische Züchter haben sich in dieser Zeit mit der Qualität ihrer Tiere nicht nur in Japan einen guten Namen gemacht. Auch bei uns stößt man regelmäßig auf Tiere der Top-Züchter wie Shirakura und Munechika Fish Farm.

Die Zeiten, dass man sehnsüchtig vor dem Computer sitzt und sich lediglich an den Bildern erfreut, ohne die Tiere in Deutschland erwerben zu können, sind mittlerweile vorbei. Sämtliche Farbvarianten haben den Weg zu uns gefunden und auch hierzulande gibt es mittlerweile viele ambitionierte Liebhaber und Züchter, die hervorragende Crystal-Red-Garnelen züchten. Sowohl in der Anfangszeit, als auch noch heute werden zum Teil sehr hohe Summen für Erstzüchtungen besonderer Farbvariationen verlangt und auch bereitwillig gezahlt. Bei japanischen Auktionen wechselten in der Anfangszeit

Einzeltiere schon einmal für mehrere Tausend Euro den Besitzer. Als Europäer kann man hier nur ungläubig staunen, wobei man die Bereitschaft, solche Summen zu zahlen und die Begeisterung der Japaner gut mit der Koi-Karpfenzucht vergleichen kann. Auch hier wird für gewisse Körperzeichnungen viel Geld bezahlt, obwohl der Laie keinen großartigen Unterschied erkennt.

Das wachsende Angebot von Wettbewerben oder auch speziellen Produkten für Garnelen zeigt deutlich, dass es sich bei diesen wunderschönen Tieren nicht nur um einen kurzfristigen Trend handelt, sondern sie schon jetzt ein fester Bestandteil in der Aquaristik sind. Zweifellos spielen sie neben all den anderen interessanten Zwerggarnelenarten bedingt durch ihre leuchtende Farbe die Hauptrolle. Eine Gruppe von rot-weißen gebänderten Bienengarnelen auf einem satt grünen Moospolster sieht einfach klasse aus.

Glücklicherweise haben sich heute die Preise für Crystal-Red-Garnelen normalisiert und selbst für züchterische Top-Tiere werden auch in Japan „nur noch" einige Hundert Euro bezahlt. Aber auch in Europa sind heute höherwertige Zeichnungsvarianten direkt von regionalen Züchtern oder über das Internet in guter Qualität und zu angemessenen Preisen zu bekommen. Zur besseren Orientierung hier eine Übersicht der wichtigsten Zeichnungs- und Farbformen der Bienengarnele.

Auf dieser Doppelseite ist zu sehen: Von der Naturform über fast ganz rote und schön gebänderte Tiere, bis hin zu ganz weißen Exemplaren reicht mittlerweile die züchterische Vielfalt.

Crystal Red

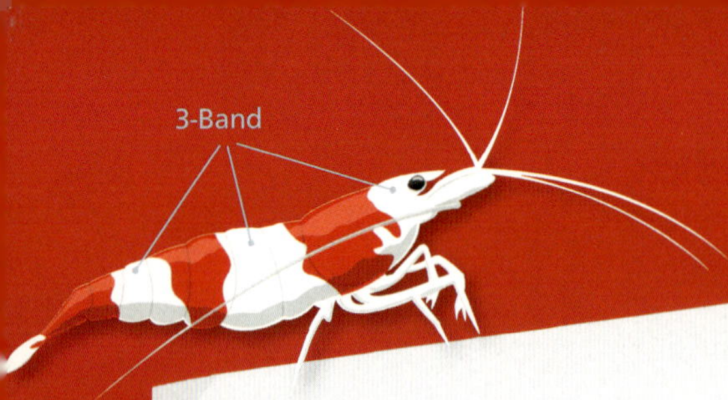

3-Band

Von der Zeichnungsform **3-Band** wird gesprochen, wenn die Bienengarnele drei sauber getrennte Farbbänder aufweist. Gezählt werden die weißen Bänder auf dem Körper. Der ggf. (auch stellenweise) weiße Schwanzfächer wird dabei nicht berücksichtigt.

Der Weißanteil kann sich im Kopfbereich auch bis zur „Nasenspitze" ausdehnen. Ziel ist aber eine gleichmäßig breite Bänderung mit einem deckenden Weiß.

Schwarz-weiße 3-Band Variante.

Rot-weiße 4-Band Variante.

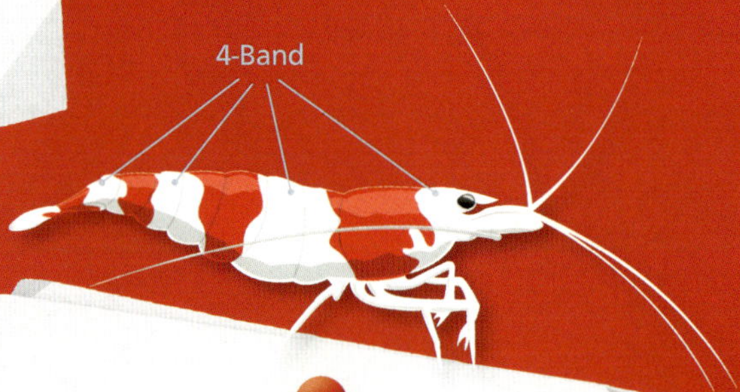

4-Band

Bei der **4-Band**-Bienengarnele ist im Gegensatz zur 3-Band-Form das letzte farbige Band ebenfalls noch durch eine weiße Fläche unterbrochen. Auch hier zählt man die weißen Farbbänder auf dem Körper. Der in der oben gezeigten Grafik weiße Schwanzfächer wird nicht berücksichtigt und zählt demnach nicht als fünftes Band.

Auch hier gilt, die Verteilung der Bänder insgesamt sollte möglichst gleichmäßig und das Weiß deckend vorhanden sein.

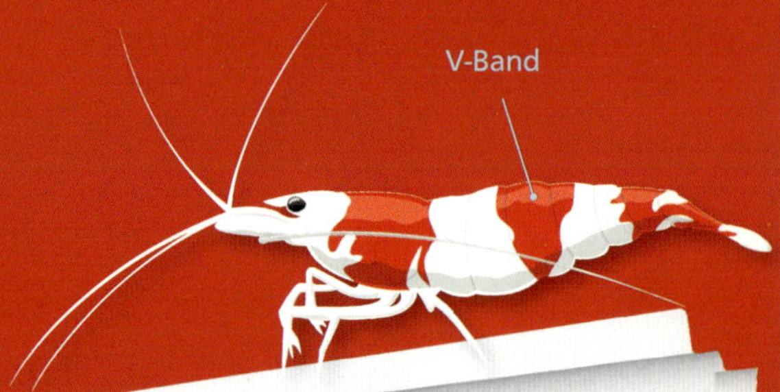

V-Band

Vom sog. **V-Band** wird gesprochen, wenn das mittlere farbige Band die Form eines V aufweist. Dabei muss es sich natürlich nicht um ein perfektes V handeln, aber die Grundform, d. h. oben breit und nach unten hin keilförmig zulaufend, muss gegeben sein.

Im oberen Bereich können auch vereinzelt weiße Einschlüsse vorhanden sein. Die Ausprägung der anderen Farbbänder spielt dabei keine Rolle.

Erst in der Vergrößerung sieht man, wie filigran ein Schwanzfächer wirklich gebaut ist ...

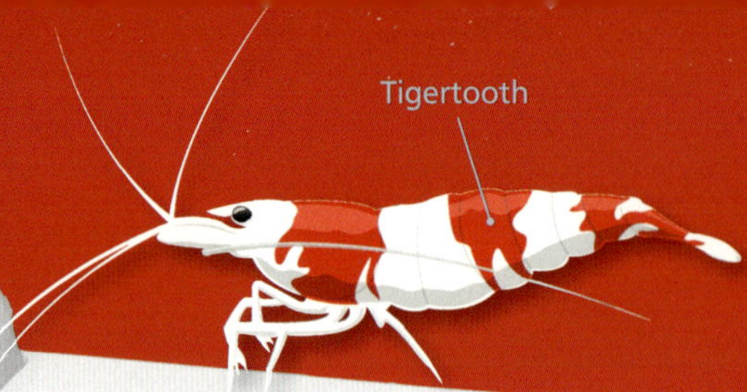

Tigertooth

Die Variante **Tiger-Tooth** (Tiger-Zahn) erkennt man unschwer an den beiden „Zacken", die im mittleren Farbband nach unten auslaufen. Mit ein bisschen Fantasie kann man in der Tat die Oberkieferzähne eines aufgerissenen Tigermauls erkennen.

In der Ausprägung dürfen diese mal etwas spitzer, mal auch etwas abgerundeter, wie auf dem Foto zu erkennen ist, zulaufen. Wichtig ist aber immer der weiße Einschnitt im mittleren Farbband.

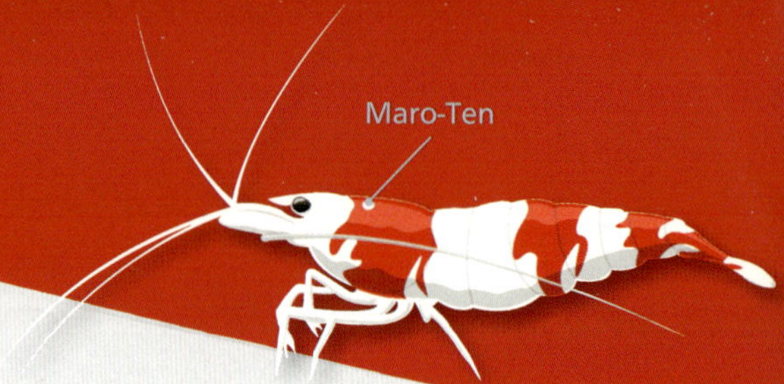

Maro-Ten

Als **Maro-Ten** bezeichnet man die weißen Punkte im ersten farbigen Band oben auf dem Kopfpanzer. Es gibt sie in unterschiedlicher Größe und auch die Anzahl kann variieren. In der Regel findet man zwei, es können aber auch vier Punkte vorhanden sein.

Die weiteren Zeichnungsmuster des Körpers sind hier nicht entscheidend. Teilweise treten Maro-Ten-Punkte sogar bei Wildformen auf.

Hinomaru

Die **Hinomaru** (Bezeichnung der japanischen Nationalflagge) zeichnet sich dadurch aus, dass sich das mittlere Farbband bis auf einen roten oder schwarzen Fleck auf der Körperoberseite reduziert hat. Bei der Zuchtauslese gilt: Je perfekter der Kreis, desto höherwertiger. Das dritte Farbband ist hier noch durchgehend.

In der Ausprägung ist manchmal noch etwas Weiß mit eingeschlossen. Durchbricht das Weiß den roten Fleck komplett, spricht man auch vom „No-Entry Sign".

Crystal Red

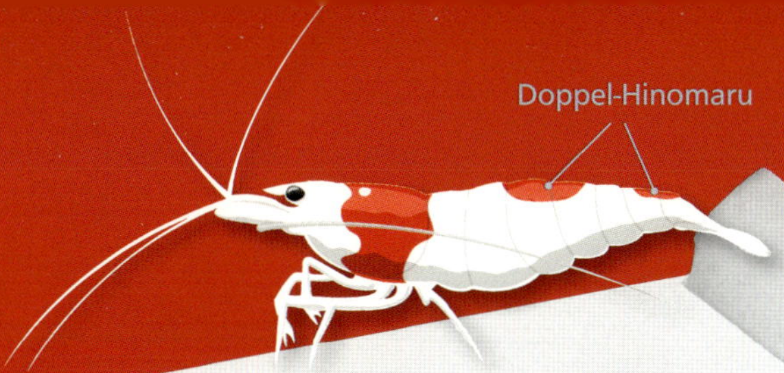

Doppel-Hinomaru

Im Gegensatz zur einfachen Hinomaru besitzt die **Doppel-Hinomaru** zwei farbige Flecken auf der Körperoberseite, d. h. das letzte Farbband ist hier, ebenfalls wie beim zweiten, deutlich reduziert vorhanden. Die Farbflecken können in ihrer Form sehr differenziert vorhanden sein, als Ziel gilt aber: möglichst rund, das letzte etwas kleiner und beide möglichst ohne weiße Einschlüsse.

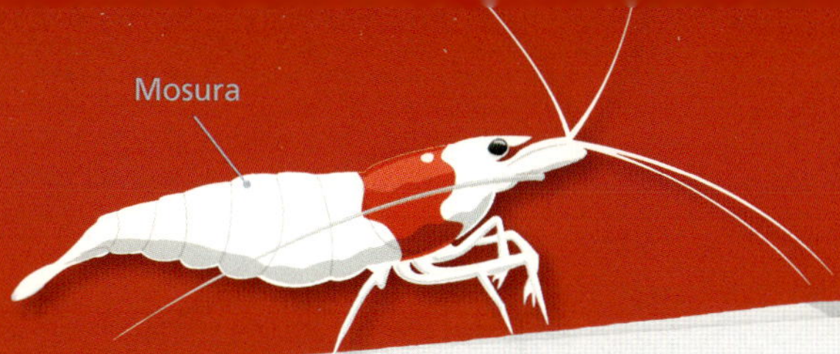

Mosura

Die **Mosura** weist auf dem Hinterleib keine, oder nur sehr minimale Restbestände an Farbe auf. Benannt wurde diese Farbvariante nach dem Godzilla-Monster Mothra (Aussprache von „th" ist im japanischen Sprachgebrauch „su"), eine Motte, die als Larve einen ähnlich weißen Hinterleib hat. Vornehmlich ist auf einen reinweißen Hinterleib zu achten. Je nachdem, wie weit das Farbband des Kopfpanzers reduziert ist, gibt es noch weitere Bezeichnungen (s. Crown-Mosura).

No-Entry-Sign

Das Merkmal **No-Entry-Sign** (in Anlehnung an das Verkehrsschild „Einfahrt verboten", roter Kreis mit weißem Querstrich) tritt bei den Hinomarus auf. Hier ist der farbige Fleck auf der Rückenoberseite durch ein weißes Band in ganzer Breite durchbrochen.

Idealerweise sind beide farbigen Hälften gleich groß, der weiße Balken gerade in der Form und kräftig in der Ausprägung.

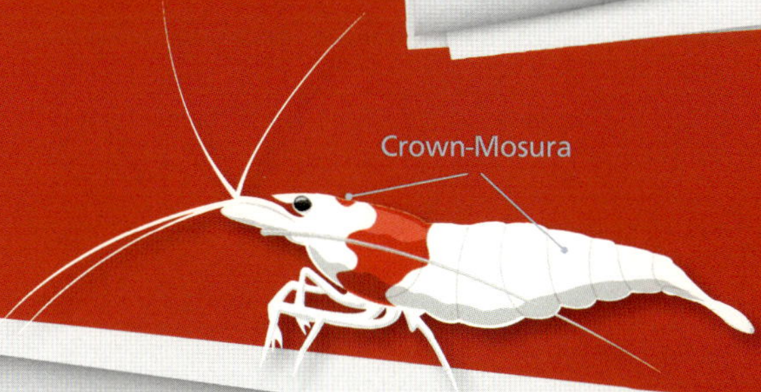

Crown-Mosura

Eine weitere Ausprägung der Mosura ist die sog. **Crown-Mosura** (Crown = Krone). Bei ihr haben sich die Maro-Ten-Punkte des Kopfpanzers deutlich erweitert und sind mit dem Weißanteil des Gesichts sowie auch miteinander verschmolzen.

Wie auf dem Foto rechts gut zu erkennen, sieht das Zeichnungsmuster einer kleinen Krone ähnlich. Auch hier gilt es, bei der Zucht einen möglichst weißen Hinterleib ohne Farbflecken zu selektieren.

Bienen und Blüten

Wissenswertes über Vermehrung und Nachzucht

Wie funktioniert die Vermehrung?

Die Weibchen bilden in ihren Eierstöcken im Nackenbereich den Laichansatz. Nachdem dieser ca. 4 Wochen gereift ist, häutet sich das Weibchen und gibt Sexuallockstoffe ans Wasser ab. Diese Stoffe müssen echt verführerisch sein, denn im selben Augenblick fangen die Männchen an unruhig zu werden und wie wild im Becken herumzuschwimmen, um das entsprechende Weibchen zu lokalisieren. Manchmal wird davon die ganze Gruppe angesteckt und es herrscht ein heilloses Durcheinander. Wie wild schwimmen die Garnelen durchs Becken und man glaubt sie sind verrückt geworden – ein echtes Schauspiel.

Das Weibchen reagiert auf Annäherung zwar extrem abweisend, aber scheinbar riecht sie so betörend, dass die Männchen nicht locker lassen und so muss sie sich dem Lauf der Dinge stellen. Angestrebter Landeplatz der Männchen ist der Rückenbereich des Weibchens. Schafft es eines dorthin, dann krallt es sich fest und hebt den eigenen Hinterleib fast senkrecht hoch. So kann das Weibchen den Reiter selbst mit heftigen Schwanzschlägen nicht abwerfen. Dann harrt es dort solange aus, bis das Weibchen eine Verschnaufpause einlegt. Blitzschnell rutscht dann das Männchen am Weibchen herunter und heftet seine Samenpakete in der Nähe der Geschlechtsöffnung. Das Männchen hat seine Aufgabe erfüllt und zieht sich zurück.

Kurze Zeit später presst das Weibchen die Eier in die Bauchtaschen und die Eier werden

Männchen zeichnen sich in der Regel durch einen schlankeren Hinterleib (1), einen nicht so weit heruntergezogenen Kopfpanzer (Carapax) (2) und eine kleinere Gesamtgröße aus.

Weibchen hingegen sind insgesamt etwas „fülliger“ gebaut. Dies zeigt sich besonders im massigeren Kopfpanzer (3) und den deutlich weiter heruntergezogenen Bauchtaschen (4) des Hinterleibes, in denen die Eier Platz finden müssen. Den sog. Eifleck oder auch Laichansatz (hier werden die Eier „vorproduziert“) findet man im Nackenbereich (5). Je nach Farbdeckung des Garnelenweibchens ist er mal recht deutlich, mal allerdings auch überhaupt nicht zu erkennen.

Leuchtend rot-weiß gefärbte Zuchtgruppe.

Spannendes Kopfportrait einer rot-weißen Biene.

Zuchtbecken mit guter Filterung und wenig Pflanzenbewuchs, um die Tiere immer im Blick zu haben.

befruchtet. Die weiteren Mutterpflichten bestehen aus regelmäßigem Wedeln mit den Schwimmbeinen, damit die Eier Frischwasser und Sauerstoff bekommen, sowie die Durchsicht mit den Schreitbeinen um eventuell verpilzte Eier auszusortieren. Kam es nicht zur erfolgreichen Befruchtung, dann wird das Weibchen alle Eier nach und nach entfernen. Oft sieht man sie dann eine Zeit lang nur noch mit ganz wenigen Eiern umherschwimmen und man sollte sich nun damit abfinden, dass es diesmal nicht geklappt hat. Auch ist es nicht ungewöhnlich, wenn Erstmütter den gesamten Wurf abstoßen.

Läuft aber alles nach Plan, dann wird man nach ca. 3 Wochen schon kleine schwarze Augen in den Eiern erkennen und von da an wird es nicht mehr lange dauern. Wer nun aufmerksam die oberen Regionen des Beckens im Auge behält, der kann mit viel Glück beobachten, wie die Junggarnelen schlüpfen. Das Weibchen zieht sich nämlich für die Geburt wieder in eine ruhige Ecke zurück und beginnt mit zuckenden Bewegungen die Kleinen zum Schlupf zu bringen. Nach und nach platzen die Eier auf und kleine Minigarnelen erblicken das Licht der Welt.

Bis der ganze Wurf geschlüpft ist, können mehrere Stunden vergehen. Die Kleinen sind von Anfang an auf sich allein gestellt und beginnen auch gleich mit dem Abweiden von Oberflächen. Wenn man ganz genau hinschaut, kann man mit bloßem Auge gut erkennen, dass es sich tatsächlich um Garnelen handelt.

Wenn der Nachwuchs ausbleibt

Die Vermehrung der Bienengarnelen im Aquarium ist eigentlich recht unproblematisch und in der Regel kann man sich ohne viel Zutun schon nach einiger Zeit über kleine Babygarnelen freuen. Manchmal allerdings stellen sie auch auf stur und über Monate hinweg ist kein Nachwuchs in Sicht. Dann wird viel gerätselt, spekuliert und diskutiert. Wie sind die Wasserwerte, wie ist die Einrichtung, was lebt sonst noch mit im Becken, was wird gefüttert, wie oft Wasser gewechselt, was läuft falsch?

Dies an einem genauen Punkt festzumachen ist sicher schwierig, zu unterschiedlich sind die Berichte und Gegebenheiten bei denen keine Vermehrung stattfindet. Oft scheint eine neue Umgebung ein Auslöser zu sein, denn mehrere Aquarianer klagten uns nach dem Erwerb dieser Tiere schon ihr Leid, aber nach mehreren Monaten ging es plötzlich richtig zur Sache und sie sahen überall tragende Weibchen. Bei uns hat der Stamm aber im selben Zeitraum keine Vermehrungspause eingelegt.

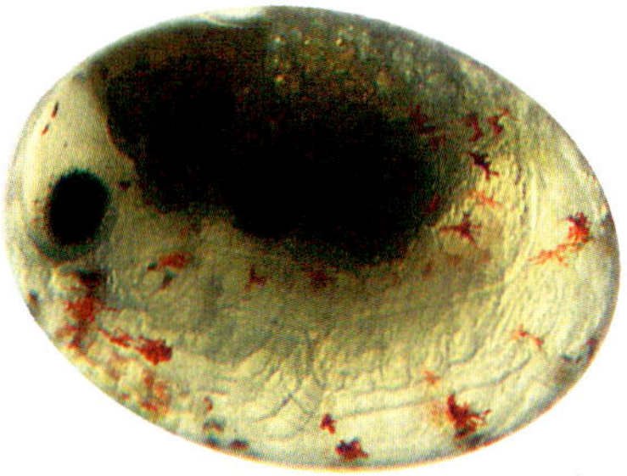

Unter dem Mikroskop kann man selbst im Ei schon gut die Augen und sogar einige rote Farbzellen erkennen.

Hier sieht man die noch in den Eiern eingeschlossenen Babygarnelen. Anfangs sind die Eier meist dunkel gefärbt, werden aber immer heller und man erkennt das „Innenleben".

Nach dem Austragen kann man sich dann an einer Anzahl kleiner Bienen erfreuen. Ein „ungeübter" Betrachter muss allerdings schon recht genau nach den nur ca. 1 mm kleinen Winzlingen suchen.

Der Vorgang kann aber auch umgekehrt laufen, denn Vermehrungspausen gibt es durchaus in gewissen Abständen. So können Tiere aus einem Stamm, der derzeit eine Pause einlegt, beim Käufer schon nach kurzer Zeit erfreulichen Nachwuchs bringen. Währenddessen denken die Tiere in unserem Stamm nicht einmal daran, sich zu reproduzieren. Eine Ruhepause in der Vermehrung ist in vielen Fällen also normal, sie kommt in regelmäßigen Abständen vor, aber offensichtlich kann diese Pause auch durch äußere Einflüsse hervorgerufen oder beendet, verlängert oder verkürzt werden. Züchter haben beispielsweise durch Verringerung der Karbonathärte (KH) einen fast dauerhaften Vermehrungszyklus erreicht, aber es spielen dabei sicher mehrere Faktoren eine Rolle. Manchmal hat schlicht die Anhebung der Temperatur auf 25 °C geholfen und ein Stamm der lange Pause gemacht hat, war nach kurzer Zeit wieder voll in Aktion. Der Haken an der Sache, leider lässt sich nicht mit Gewissheit sagen, ob die Gruppe nicht auch ohne Temperaturveränderung zur selben Zeit wieder in Stimmung gekommen wäre. Andere Stämme haben sich nämlich auch durch Temperaturveränderung nicht animieren lassen, einander näher zu kommen.

Allgemein sei noch darauf hingewiesen, dass es sicher seine Gründe hat, warum die Weibchen Pause machen. Man sollte also geduldig sein und ihnen die Zeit der Erholung gönnen. Kinderkriegen ist auch für Garnelenmütter eine schwierige Sache und erfordert all ihre Kraft. So dramatisch wie sich das alles anhört, ist es nun aber auch wieder nicht. Wie erwähnt, ist es in der Regel so, dass sich die Bienengarnelen gut vermehren und man immer wieder neue Generationen dabei beobachten kann, wie sie ihr Leben meistern und von einer Minigarnele zum erwachsenen Tier heranwachsen.

Im Detail kann man hier die Eier in den Bauchtaschen des Weibchens sehr gut erkennen. Meist sind es bei der Bienengarnele 20 bis 30 Eier, je nach Größe und Alter des Tieres.

Der Meister

Ein Besuch bei Mr. Yamagishi

Das erste Mal aufmerksam wurden wir auf den Namen *Minoru Yamagishi* während unseres Besuchs bei *Takashi Amano* in Niigata. Im Gespräch über rote Bienengarnelen verwies Mr. Amano auf einen Artikel im japanischen Magazin *AQUA Life*. Dort sei zu lesen, dass Mr. Yamagishi bereits seit 1989 die rote Bienengarnele pflegt und züchtet. Bisher ging man im Allgemeinen davon aus, dass *Hisayasu Suzuki* Anfang der Neunziger Jahre „Erfinder" der Crystal Red war. So war nun unser Interesse geweckt und nach einigen Telefonaten stand einem Besuch bei Mr. Yamagishi in der Nähe von Tokio nichts mehr im Wege.

Auch wenn er bei uns weitestgehend unbekannt ist, so genießt Mr. Yamagishi in japanischen Aquaristikkreisen hohes Ansehen. Bekannte japanische Züchter wie *Shirakura* und *Munichika Fish Farm* haben ihr Handwerk bei ihm gelernt und die ersten Tiere ihres Stammes von ihm bekommen. Noch heute nennen sie ihn voller Respekt „Sensei" (Meister, Lehrer).

Auch im Bereich Aquascaping (d.h. Gestaltung von Aquarienlayouts, Gestaltung von Naturaquarien) genießt Mr. Yamagishi einen exzellenten Ruf. Mehrfach nahm er sehr erfolgreich am jährlich stattfindenden *ADA Layout Contest* teil. Im Jahr 2001 waren auf seinem Teilnehmerfoto eigene Nachzuchten kristallroter Bienengarnelen zu sehen, die deutlich leuchtender waren, als das, was man bisher kannte. Dieses sensationelle Bild löste in Japan einen echten Garnelen-Boom aus, der in der Folge dann auch zu uns nach Europa kam. Bis dato waren Garnelen eher nur wenigen Leuten in der Aquaristik bekannt und viele Arten waren aquaristisch noch gar nicht entdeckt.

Im Gespräch mit Mr. Yamagishi gab es dann auch einiges Neues zur Herkunft der Crystal Red zu erfahren. So bekam er nach eigenen Aussagen wirklich bereits 1989 seine ersten roten Bienengarnelen aus Hongkong, wo sie in dieser Zeit regelmäßig und bereits sortiert zu haben waren. Gut ein Jahr lang sollen sie auf den damaligen Stocklisten einiger chinesischer Exporteure gestanden haben. Mangelndes Interesse und ein Unwetter, welches in der Region wütete, ließen die Bienengarnele dann

Mit diesem Foto löste Mr. Yamagishi in Japan einen echten Garnelen-Boom aus.

© Minoru Yamagishi

Aqua Shop
ネギシ
TEL. 0468-53-0177

EHEIM
エーハイム
サブフィルター
2217
エーハイム
サブフィルター
2215
エーハイム
サブフィルター
2213

aber wieder für mehr als ein Jahr von den Stocklisten verschwinden. Erst Anfang der Neunziger Jahre tauchte die schwarze Farbform vereinzelt wieder auf und auch andere Züchter fanden nun Gefallen an ihr. Die Frage, woher die rote Bienengarnele aber nun eigentlich stammt, ob sie so in der Natur gefunden oder bereits in China gezüchtet wurde, konnte uns der Meister auch nicht beantworten.

Bei der Zucht legte er von Anfang an sein Hauptaugenmerk auf die Dichte der Farbzellen, d. h. auf ein leuchtendes Rot und dichtes, strahlendes Weiß. Der Kontrast und nicht die Höhe des Weißanteils waren für ihn entscheidend. Das Verhältnis der einzelnen Farben zueinander und die später aufkommenden Muster-Bezeichnungen waren und sind für ihn nicht wirklich wichtig. Ja, er fände Tiere mit einem sehr hohen Weißanteil sogar eher unschön und könne den Rummel um diese Tiere auch nicht nachvollziehen. Trotz der Vorliebe für rot-weiß und schwarz-weiß gebänderte Bienen mit deckender und leuchtender Färbung entstanden aber auch bei Mr. Yamagishi immer wieder Garnelen, die später als V-Band und Tiger-Tooth bezeichnet wurden und die er bereits ab 2001 an viele Interessenten verkaufte, die durch sein schon erwähntes Wettbewerbsbild auf seine Tiere aufmerksam wurden. Züchter wie Munichika Fish Farm oder auch Mr. Shirakura züchteten dann in der Folge mit seinen Tieren und großem Erfolg nach spezieller Musterung und hohem Weißanteil.

Mr. Yamagishi legt viel Wert auf eine dichte Pigmentierung seiner Bienengarnelen, was man besonders bei dem oberen Tier sehr gut am dichten Weiß erkennen kann.

Fragestunde beim Profizüchter

Takayuki Shirakura steht Rede und Antwort

Takayuki Shirakura ist Kennern längst ein Begriff als hervorragender Züchter farbintensiver Red Bees. Er beschäftigt sich seit vielen Jahren mit der Zucht dieser Tiere. Aufgrund seiner Erfahrung und Beobachtungen hat er sogar eigene Futtermittel, Mineralzusätze und speziellen Bodengrund für garnelenoptimiertes Wasser entwickelt. Wir hatten die Gelegenheit, Mr. Shirakura ausführlich zu befragen und erhielten so viele Insider-Tipps und praktische Hinweise für eine erfolgreiche Haltung und Zucht von Red Bees.

© Chigusa Fujita

Takayuki Shirakura stellt sich unseren Fragen und gibt Tipps zum Kauf, zur Haltung und Zucht, zu allgemeinen Schwierigkeiten und zur Wasserchemie ...

Allgemeines

Ich möchte Red-Bee-Garnelen pflegen. Welche Aquariengröße, welche Filterung und welcher Bodengrund sind dafür geeignet?

Die wichtigste Grundlage sind stabile Wasserverhältnisse im Aquarium. Deshalb sollten Aquarium und Filtersystem so groß wie möglich sein. Für ein 60-Liter-Aquarium ist ein Außenfilter mit einem Filtervolumen ab 5 Liter sinnvoll. Der Bodengrund sollte möglichst keinen Dünger enthalten. Also keine Sorte verwenden, die speziell für Aquarienpflanzen gedacht ist. Dieser kann in den ersten Wochen nämlich zu Problemen führen.

Worauf muss ich beim Kauf von Red Bees achten?

Kaufe keine Garnelen, die gerade erst im Zoogeschäft frisch eingetroffen sind. Transportbeschädigungen treten oft erst nach einer Woche auf. Wähle besser Tiere, die schon mindestens eine Woche im Shopaquarium sind. Nervöses Herumschwimmen oder Bewegungslosigkeit sind oft Symptome schlechter Hälterung. Auch diese Tiere solltest Du meiden. Suche besser Garnelen aus, die ständig aktiv auf Futtersuche sind.

Wie lange sollte man warten, bis man die Garnelen in ein frisch eingerichtetes Aquarium setzt?

Ein Aquarium ohne Tiere einzufahren ist nicht sehr effektiv, daher sollte man Starterbakterien verwenden. Drei bis vier Wochen sind dann meistens genug, wobei man natürlich NH_3 (Ammoniak) und NO_2 (Nitrit) prüfen sollte. Du solltest vor allem beachten, dass mancher Bodengrund, der als Pflanzenbodengrund angeboten wird, NH_3 und NO_2 auch noch längere Zeit entwickeln kann. Hier sollte man etwas genauer messen und ggf. etwas länger warten.

Wie gewöhne ich frisch gekaufte Garnelen richtig ein?

Garnelen sind sehr empfindlich, was wechselnde Wasserbedingungen angeht. Ideal ist es, sie Tropfen für Tropfen an das neue Aquariumwasser zu gewöhnen. Nicht nur der pH-Wert, sondern auch die GH (Gesamthärte) und die Temperatur müssen dasselbe Level erreichen. Die Garnelen würden extrem unter Atemnot leiden, wenn die Wasserhärte zu schnell wechselt. Es ist ratsam, hier einen Test-Koffer zu verwenden, der einen GH- und pH-Test hat, um die Werte zu überprüfen. Du musst auch die Wassertemperatur noch mal checken, wenn Du das Wasser in der Winterzeit anpasst. Auch wenn die pH- und GH-Werte übereinstimmen, ist das Wasser des Aquariums mit einer Heizung meistens wärmer.

Fragen zur Haltung

Welche ist die richtige Wassertemperatur?

25 °C sind angebracht. Vorsicht ist in der Sommerzeit geboten, denn ab 30 °C wird es zu warm. Die Garnelen zeigen schöne Farben, wenn man sie in 20 °C warmem Wasser hält, aber bei dieser etwas niedrigeren Temperatur wachsen sie nicht sehr gut.

Welches Futter ist für Red-Bee-Garnelen zu empfehlen?

Garnelen sind Omnivore (Allesfresser) und deshalb ist es wichtig, sowohl vegetarisches, pflanzliches Futter als auch tierisches Futter in einer ausgewogenen Balance zu füttern. Man sagt, dass Spinat gut für die Garnelen ist, wobei man da vorsichtig sein sollte, da er chemische Substanzen aus der Landwirtschaft enthalten kann. Es gibt mittlerweile eine große Bandbreite an Garnelenfutter und deshalb sollte man herausfinden, welches das beste Futter für die eigenen Garnelen ist. Wenn man Futter mit einem hohen tierischen Anteil füttert, könnte das die Wasserstabilität gefährden und Planarien vermehren sich unter Umständen sehr schnell.

Welches sind die richtigen Wasserbedingungen für Red Bees?

Die Bandbreite des Wassers in dem die Garnelen leben können, ist sehr groß. Oberste Priorität: Die Werte müssen stabil sein. Wenn man an biologische Filterung und den NH_3-Effekt denkt, dann ist ein pH-Wert von 6,0–7,0 ein guter Richtwert. Auch die Wasserhärte ist ein wichtiger Faktor. Zu weiches Wasser verursacht Häutungsprobleme bei den Garnelen und auch der Einsatz von pH-senkenden Mitteln führt zu einem sehr raschen Absenken des pH-Werts. Der plötzliche Tod von allen Garnelen im Aquarium ist oft auch auf einen plötzlich fallenden pH-Wert zurückzuführen. Um das zu vermeiden, sollte der GH-Wert mindestens 3,0 (über 5,0 ist ideal) sein und dies erreicht man, indem man regelmäßig Wasserwechsel macht oder Mineralstoffe hinzuführt. Bodengrund der für Pflanzenaquarien vorgesehen ist, kann hartes Wasser zu weichem Wasser machen.

Manche behaupten, dass ein niedriger pH-Wert gut für Bienengarnelen ist. Stimmt das?

Ein niedriger pH-Wert kann wegen dem NH_3-Effekt ab pH 7 gut sein. Red-Bee-Garnelen gehören jedoch zu den Crustaceen und absorbieren Calcium und Magnesium, um ihren Panzer zu bilden. Zu weiches Wasser kann dazu führen, dass die Garnelen keinen neuen, harten Panzer ausbilden können und es damit zu tödlichen Komplikationen kommt, wenn sie sich häuten. Ideales Wasser sollte eine hohe Härte und viele Mineralstoffe wie Calcium und Magnesium aufweisen. In unseren Experimenten hat das Wasser der Red-Bee-Zuchtaquarien einen GH-Wert von 20 (1500 ppm). Der GH-Wert kann also eine große Bandbreite haben.

Fragen zur Zucht

Wie viele Garnelen kann ich in einem 30 cm Cube-Aquarium (25 Liter) pflegen?

Die Menge der zu pflegenden Garnelen hängt natürlich auch vom Filtersystem und der Häufigkeit des Wasserwechsels ab. In unserem Shop haben wir manchmal 25 Tiere auf zwei Liter Wasser. Je nach Einrichtung können also in einem 30er-Becken eine Menge Garnelen wohnen.

Wieviele Red-Bee-Garnelen sollte man halten, um sie gut zu vermehren?

Wenn man Männchen und Weibchen bestimmen kann, dann ist es möglich, mit nur einem Pärchen zu starten. Ich glaube für einen guten Start sollte man zwei Männchen und drei Weibchen haben. Wenn man sie nicht unterscheiden kann, dann sind 10 Tiere sicherlich die bessere Wahl, da in dem Fall sicher Männchen und Weibchen dabei sind.

Wie lange braucht es, bis die Garnelen geschlechtsreif sind?

Das hängt von der Wassertemperatur ab. Meistens sind fünf bis sechs Monate ausreichend, damit die Tiere geschlechtsreif werden. Wenn das Weibchen für die Vermehrung bereit ist, dann zeigt es schwarze Ovarien (Eierstöcke) in ihrem Kopfbereich. Wenn sie sich paaren, versuchen die Männchen auf dem Weibchen zu reiten.

Welches ist die richtige Temperatur um zu züchten?

Man erhält wohl die besten Zuchtergebnisse bei Temperaturen zwischen 23 und 28 °C.

Die Garnelen tragen Eier! Sollten diese Weibchen von den anderen Garnelen separiert werden?

Es ist nicht nötig, diese zu separieren, aber es ist sicherlich ein Weg, um auf jeden Fall junge Garnelen zu erhalten. Weibchen mit Eiern fehlt es an Kraft, man muss also sehr vorsichtig sein mit den wechselnden Wasserbedingungen, bzw. überhaupt mit den Wasserbedingungen. Ganz konkret sollte man Futterreste stetig absaugen und immer kleine Mengen des Wassers austauschen, damit die Wasserkonditionen stabil bleiben.

Wie lange braucht es nach dem Ansetzen der Eier, bis die Jungen schlüpfen?

Die Schlupfperiode ist abhängig von der Wassertemperatur. Normalerweise ca. drei Wochen bei einer Wassertemperatur von 26 °C.

Die Eier des Weibchens sind verschwunden, aber keine Jungen zu sehen. Warum?

Nach dem Schlupf verstecken sich die Jungtiere oft im Moos. Man kann die 1-2 mm großen Jungen oft erst nach einer Woche, dann auch außerhalb des Mooses, sehen.

Es sind neue Baby-Garnelen im Aquarium. Sollte man die Jungtiere von den Elterntieren trennen?

Nein, man muss sie nicht trennen. Das ist ein Grund, warum die Zucht von Red-Bee-Garnelen so einfach ist.

Schwierigkeiten

Spezieller Ton-Bodengrund soll sehr gut für Garnelen sein. Nach zweiwöchigem Test mit Fischen setzten wir Garnelen ein und täglich starben Tiere. Warum?

Wenn Bodengrund speziell für Pflanzenaquarien gemacht ist, dann enthält er womöglich Dünger, der wiederum NH_3 und NO_2 produzieren kann. Es dauert ca. 2-3 Wochen um NH_3 zu eliminieren und es könnte womöglich zu früh gewesen sein, um Garnelen in das Aquarium zu setzen. Garnelen sind wesentlich empfindlicher als Fische und es ist besser vorher NH_3 und NO_2 mit einem Test zu prüfen.

Warum ist bei ausgewachsenen Garnelen die schöne dichte Färbung kaum noch vorhanden?

Normalerweise verringern Red-Bee-Garnelen ihre dichte Färbung, wenn sie ausgewachsen sind, das ist also normal. Nur manche von ihnen behalten eine dichte Pigmentierung auch nachdem sie ausgewachsen sind.

Manchmal befinden sich tote junge Garnelen im Aquarium. Die Wasserwerte sind okay und viele junge Garnelen wachsen schnell heran. Warum sterben diese Tiere?

Auch wenn die Wasserbedingungen gut sind, sieht man ab und zu tote Garnelen im Aquarium. Diese Garnelen waren einfach nicht lebensfähig. Es gibt naturgemäß einige schwache Tiere, besonders bei Arten die so viele Nachkommen haben. Man darf deshalb nicht enttäuscht sein. Auf jeden Fall Wasserwerte immer kontrollieren.

In einem scheinbar perfekten Garnelenaquarium sterben plötzlich viele Garnelen. Ist dies ein Zusammenbruch?

Der Ton-Bodengrund verändert die Wasserhärte von hart zu weich. Wenn das Wasser zu weich wird, kann es zu einem plötzlichen Fallen des pH-Werts kommen, welches sowohl die Garnelen als auch die Bakterien im Filter schädigt. Um das plötzliche Fallen des pH-Werts von zu weichem Wasser zu verhindern, sollte man das Wasser öfters wechseln und regelmäßig Mineralien dem Wasser hinzufügen, um die Härte zu garantieren.

Warum sterben Garnelen in einem 36-Liter-Aquarium mit zwei Außenfiltern trotz guter Wasserwerte?

Zwei Außenfilter sind für das Aquarium zu viel. Möglicherweise gibt es eine zu starke Strömung. Red-Bee-Garnelen halten eine stark strömende Umgebung nicht lange aus. Die Strömung sollte also abgeschwächt werden.

Warum verschwinden tagtäglich viele Junggarnelen trotz guter Bedingungen im Aquarium für die erwachsenen Tiere?

Es kann da zwei Möglichkeiten geben, warum die Junggarnelen sterben. Erstens könnte Nahrung fehlen, weil Algen und kleine Mikroorganismen alle von den erwachsenen Garnelen gefressen werden. Zweitens ist das Fehlen von Mineralien, die Junggarnelen brauchen, um sich zu häuten und zu wachsen, eine Möglichkeit. Man sollte Mineralien und Bakterienpulver (Aufzuchtfutter) hinzufügen, um Mikroorganismen im Aquarium zu vermehren.

Die Garnelenweibchen tragen Eier, aber es scheinen jeden Tag weniger Eier zu werden. Warum?

Der Grund dafür ist nicht klar, aber so etwas passiert besonders häufig bei Weibchen, die das erste Mal Eier tragen. Es kann auch sein, dass die Eier nicht richtig befruchtet wurden.

Weibchen mit Eiern sterben am Anfang der Tragezeit. Was kann der Grund dafür sein?

Das Entwickeln der Eier, der Paarungsakt und das Pressen der Eier in die Bauchtaschen kostet sehr viel Energie. Weibchen ohne ausreichend Kraftreserven können danach einfach an Schwäche sterben. Auch wenn die Anzahl der Männchen zu hoch ist und diese permanent die Weibchen, auch nach der Kopulation bedrängen, ist das für das Weibchen sehr kräfteraubend. Die Weibchen sollten daher gute Versteckmöglichkeiten vorfinden, um dem zu entgehen.

Eine sehr schön gefärbte Verwandte der Bienengarnele ist diese blaue Tiger-Zwerggarnele: ein Exemplar mit den typischen schwarzen Tigerstreifen, einem glänzenden blauen Körper und markant hellen Augen.

Fragen zur Selektionszucht

Wie sind Männchen und Weibchen zu unterscheiden?

Man kann sie an der Form des Carapax (Kopfpanzer) und dem 2. Antennenpaar unterscheiden. Männchen haben dicke lange Antennen, die dünnen kurzen Antennen kennzeichnen Weibchen.

Wieviele Garnelen braucht man, um eine Selektionszucht zu starten?

Ein Männchen und ein Weibchen reichen dafür aus. Das beste Männchen und ein paar Weibchen sind ideal.

Welches Geschlecht ist entscheidender für die Selektionszucht?

Die Männchen sind wichtiger. Männchen mit guter Färbung fallen in der Natur wesentlich leichter auf und könnten deshalb in der Natur auch leichter gefressen werden, wenn sie den Weibchen hinterher schwimmen um sie zu befruchten. Möglicherweise machen sie diesen Nachteil durch andere Vorzüge (z. B. Agilität und besseres Fortpflanzungsverhalten) wieder wett. Im Aquarium herrscht eine ganz andere Umgebung und man sollte gezielt die hübschesten, gesündesten und agilsten Männchen für eine Paarung verwenden. Auch Insektenzüchter konzentrieren sich mehr auf die Auswahl der Männchen bei der Zucht.

Ein V-Band-Weibchen, das aus züchterischer Sicht in der Pigmentierung zwar etwas zu wünschen übrig lässt, aber dennoch recht reizvoll wirkt.

Ein sehr schönes Pärchen mit dichtem Farbkleid und dem Farbmuster „Doppel-Hinomaru/ No-Entry-Sign".

Fragen zu den Grades

Können die Weibchen das Sperma in ihrem Körper speichern, um es für weitere Gelege zu nutzen?

Aufgrund meiner Erfahrung glaube ich dies eher nicht. Ich habe oft die Weibchen mit Eiern aus dem Becken genommen, um die Jungtiere separat zu entlassen. Dort habe ich sie eine Weile gelassen, wobei sie in diesem separaten Becken nie ein weiteres Gelege abgesetzt haben.

Red-Bee-Garnelen mit roten Augen sollen tendenziell qualitativ besser gefärbte Jungtiere erzeugen. Sind diese wirklich besser als die anderen?

Ich habe bisher nie Garnelen mit roten Augen für die Selektionszucht verwendet und deshalb ist mir ein Unterschied unbekannt. Die Garnelen mit den schwarzen Augen in meinen Aquarien haben eine schöne Färbung. Die Garnelen mit schwarzen Augen zeigen nach einigen Generationen gezielter Zucht ein gutes Muster und auch eine schöne Färbung, was also heißt, dass die mit roten nicht besser sind, als die mit schwarzen Augen.

Wie lange kann man bei einer Selektionszucht dieselbe Blutlinie verwenden?

Ich habe viele Generationen in meinem Aquarium. Wissenschaftler der *Marinen Agro Cultur* haben herausgefunden, dass 15 Generationen möglich sind. Ich habe einen Freund, der momentan 15 Generationen der Red-Bee-Garnelen nachgezogen hat und es ist so, dass seine Garnelen jetzt deformierte Körper bekommen und auch langsamer wachsen. Man sollte also immer wieder einmal eine andere Blutlinie aus einem Fachgeschäft oder von einem anderen Züchter einkreuzen.

Ist es möglich, spezielle Muster wie das Hinomaru-Muster durch Selektionszucht erbfest zu machen?

Ja, das ist möglich.

Wie züchtet man Red-Bee-Garnelen mit einer dichten weißen Färbung heraus?

Um brillant gefärbte Red-Bee-Garnelen zu züchten, sind Selektionszucht und die Aquariumbedingungen sehr wichtig. Es ist darum notwendig, immer nur die schönsten Garnelen zur Zucht zu verwenden und die weniger guten aus dem Aquarium zu nehmen. Manche Faktoren wie die Wasserbedingungen, Temperatur, Licht und Futter sind auch in Verbindung mit der Färbung zu bringen. Wasser, das viele Mineralien wie Kalzium und Magnesium enthält, ist gut für die Garnelen und auch gut für deren Färbung, weil sie Mineralien aus dem Wasser absorbieren, um ihren Carapax aufzubauen. Hohe Temperaturen stimulieren ihr schnelles Wachstum, aber manchmal kann die Färbung dem schnellen Wachstum nicht gerecht werden. Andererseits ist es so, dass niedrige Temperaturen sie nicht so schnell wachsen lassen. Um die 24 °C ist ein guter Mittelwert. Das Licht ist ebenfalls sehr wichtig für die Färbung der Garnelen. Eine der Körperfunktionen, welche die Färbung steuert, ist, den Körper vor schädlicher ultravioletter Strahlung zu schützen. Starkes Licht stimuliert ihre gute Färbung, wobei zu starkes Licht über eine lange Zeit ihre Pigmentzellen zerstört, also muss man damit sehr vorsichtig umgehen. Auch auf das richtige Futter kommt es an, denn Mineralien wie Kalzium und Karotin beeinflussen die Färbung ebenfalls. Die rote Färbung wird z. B. von Karotin beeinflusst, die weiße Färbung von Kalzium und Proteinen.

Werden sehr teure Garnelen von guter Qualität und mit einer guten Färbung ebenfalls solche Jungtiere produzieren?

Es ist sicher so, dass der Anteil gut gefärbter Jungtiere höher sein wird, wenn man schöne Elterntiere von guter Qualität hat, wobei die Blutlinie eine wichtige Rolle spielt. Wenn z. B. schöne Männchen und Weibchen von ebenfalls qualitativ guten Eltern abstammen, wird der Anteil an schönem Nachwuchs natürlich höher sein. Wenn sie zufällig von eher normal gefärbten Tieren abstammen, ist der Anteil der guten Tiere in der nächsten Generation natürlich wieder wesentlich geringer. Als Schlussfolgerung sollte man deshalb Tiere von einem zuverlässigen Händler oder Züchter kaufen, wenn man mit hochwertigen Garnelen anfangen möchte.

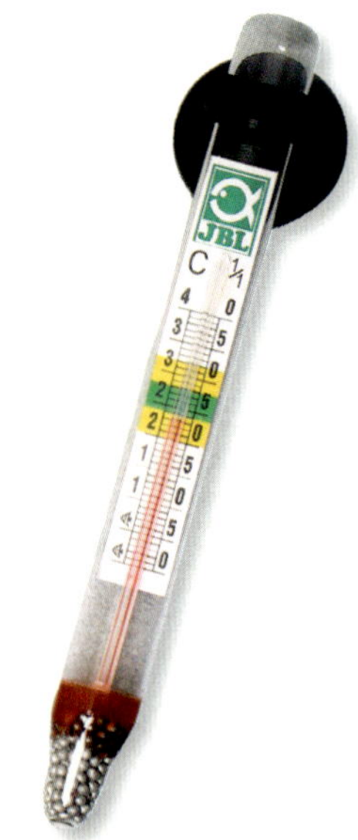

Golden-Snow-Bee-Garnelen – mit nicht deckender Weißfärbung – sind mittlerweile auch schon etwas für den schmalen Geldbeutel.

Ganz normale Garnelenverrückte

Vier Porträts

Oliver B. (28) aus Hannover

Tanja S. (30) aus Düsseldorf

Timo W. (19) aus Hamburg

Tim Z. (27) aus Münster

Über die großen, namhaften Züchter wird viel berichtet, aber letztlich sind die Motoren des Garnelenbooms die vielen, ambitionierten Fans, die einfach nur Spaß an ihrem faszinierenden Hobby haben. Deshalb hier die Geschichten von vier ganz normalen Zeitgenossen, die in Bezug auf ihre Garnelen ganz genauso verrückt sind, wie die Autoren dieses Buches.

Oliver B. (28) aus Hannover

Meine kleine Garnelenzucht

Anzahl: 32 Aquarien

Größe pro Aquarium: 54 Liter

Filterung: Biofilter, Hamburger Mattenfilter, Außenfilter

Besatz:

Bienengarnelen (Crystal-Red/Red Bee, Black Bee), Yellow Fire, Red Fire, Blue Pearl, White Pearl, Hummelgarnelen, Rote Tiger, Blaue und Schwarze Tiger, Grüne Garnelen, Babaulti Malaya, Amanogarnelen, Ringelhandgarnelen.

Bepflanzung:

Nixkraut, Hornkraut, Javamoos, Christmas Moos, Weeping Moos, Stringy Moos, *Sagittaria*, Wasserlinsen, Fettblatt

Futter:

div. Handelsprodukte, Hokkaidokürbis, Spinat, Mangold, Mückenlarven

Wasserwerte:

pH: 6,5-7,7
Leitwert: 165 µS
GH: 5°, KH 1°

Zur Nachahmung empfohlen:

Regelmäßige Wasserwechsel (wöchentlich), nicht überfüttern (mehrmals kleine Mengen). Bei hohem Besatz geringe Kiesschicht mit feinem Kies (ca. 0,5–1 cm) oder mittels Mulmglocke den Boden regelmäßig reinigen. Besser überfiltern als zu geringes Filtervolumen.

Süchtig nach Bienen

Bei Oliver ging alles ganz schnell, eben noch ein normales Leben geführt und plötzlich mit Leib und Seele Aquarianer und den Bienengarnelen verfallen. Völlig unschuldig sozusagen und ohne großen Widerstand hatten die Bienengarnelen ein nächstes Opfer gefunden. Es begann im Juni 2006, Oliver hatte die Idee, ein Aquarium würde doch die Wohnung verschönern und so bemühte er sich um die Zustimmung seiner Frau, die dann nicht nur nachgab, sondern ihm auch gleich ein Aquarium schenkte. Begeisterung und dann gleich los in die nächste Zoohandlung.

Doch was entdeckte er dort? „Tierchen für die Pfanne" hier im Zooladen? Ohne lange nach einer Antwort zu suchen, traf ihn Amors Pfeil und schon war klar, diese Garnelen kommen mit nach Hause.

Die zweiwöchige Einlaufphase des Aquariums (bevor die Garnelen mit nach Hause durften) nutzte Oliver zur Internet-Recherche. Crystal Red hießen die also, und in schwarz hab es die auch. Das weckte neue Begehrlichkeiten. Dann endlich bezogen die ersten fünf Crystal-Red-Garnelen ihr neues Domizil, dazu noch Platys, Welse und einige Guppys.

Die Garnelen faszinierten Oliver aber am meisten und so dauerte es auch nicht lange, bis das nächste Becken die Wohnung verschönerte. Das war dann ganz für die Garnelen reserviert und weitere Tiere wurden gekauft. Um dem Auge etwas Abwechslung zu bieten, waren es diesmal auch ein paar schwarze Bienengarnelen. Tja, die Garnelen vermehrten sich super und irgendwann merkte Oliver, dass er nun nicht mehr anders konnte, als noch weitere Becken zu kaufen um seinen Bienenstamm weiter auszubauen. Noch ahnte seine Frau

nicht, was da in seinem Hirn vorging, denn in seiner Vorstellung war bereits der Keller umgeräumt und ein prima Regal stand an der Wand, gefüllt mit diversen Aquarien.

Anfangs freute sich Olivers Frau ja noch über den zusätzlichen Stauraum in dem schönen Holzregal. Oliver war ein Meister im Verheimlichen. Doch am nächsten Tag hatte er frei und während seine Frau zur Arbeit musste, ging er ans Werk. Seinen Einkaufszettel hatte er im Kopf: sechs 60er-Komplettsets, Bodengrund, Deko, Pflanzen ... Und plötzlich war Feierabend und seine Frau stand in der Tür und er wartete auf das Donnerwetter. Doch nichts dergleichen geschah. „Super", sagte sie, „dann verschwinden die Becken ja endlich aus dem Wohnzimmer".

Dann zogen immer mehr Bienengarnelen ein, es wurden rote von schwarzen getrennt, neue Tiere zur Blutauffrischung gekauft und nachdem sie sich alle so gut vermehrten, kamen auch teurere Zuchttiere wie Tiger-Tooth, V-Band, Doppel-Hinomaru bis hin zu Snow Bees dazu. Heute sind es 32 Becken und ein Ende ist nicht in Sicht, denn die Begeisterung für diese Tiere hat bei Oliver noch kein Ende gefunden, und ermahnende Worte der Ehefrau gab es glücklicherweise auch noch nicht.

Tanja S. (30) aus Düsseldorf

Meine kleine Garnelenzucht

Anzahl: 40 Becken

Größe pro Aquarium: 54 bis 300 Liter

Filterung: Hamburger Mattenfilter

Wassertemperatur: 20 bis 26°C

Besatz:

Hummeln, Bienen (Crystal-Red, Snow Bee, Red Bee, Black Bee), Red Fire, Yellow Fire, Rückenstrichgarnele, *Babaulti* var. 'stripes' und 'green', Kardinal, zweifarbige und orange Matano (*C. loehae*), Goldpunkt (*C. spinata*) außerdem Krebse und Krabben.

Bepflanzung:

Moose, Cryptocorynen, Echinodoren, Hornkraut, Nixkraut, Vallisnerien

Futter:

Handelsprodukte, Blattspinat, Brennnesselblätter, Spirulinafutter (hausgemacht)

Wasserwerte:

pH: 7,5
Leitwert: 380 µS

Zur Nachahmung empfohlen:

Nicht zuviel in den Becken rumfummeln. Never change a running system.

Verliebt in kleine Krabbler

Seit sie das Licht der Welt erblickte, ist die Aquaristik für Tanja ein Teil des Lebens, da ihre Eltern immer Aquarien zu Hause hatten. Als vom Süßwasser auf Meerwasseraquaristik gewechselt wurde, war Tanja besonders begeistert. Dieses Aquarium hat sie dann die halbe Kindheit über begleitet und mit ca. 13 Jahren hat sie es sogar ganz übernommen, denn im Wohnzimmer brauchten die Eltern Platz für ein neues 800-Liter-Becken.

Bereits mit 17 Jahren lernte sie ihren „Traumprinzen" Frank kennen. Beim Einzug in die erste gemeinsame Wohnung konnte sie das Aquarium aber leider nicht mitnehmen. Nun war zwar erst einmal Pause mit Aquaristik, aber die Gedanken daran hat Tanja nie ganz aufgegeben. So kam es, wie es kommen musste: Das Feuer wurde eines Tages erneut entfacht. Nachdem Sohn Jeremy geboren war und sich die Lage nach der Geburt wieder ein wenig beruhigt hatte, kam im Herbst 2004 ein 112-Liter-Becken ins Haus. Besetzt wurde es mit diversen Fischen. Schnell war klar: das reichte nicht. All die Jahre ohne Aquarium mussten aufgeholt werden. So stand ein paar Wochen später ein weiteres Becken fertig eingerichtet in der Wohnung und wartete auf Bewohner. Diesmal sollten es Crystal-Red-Garnelen sein. Diese hat Tanja kurz zuvor im Internet gesehen und sich gleich in die kleinen Krabbler verliebt.

Dank der Toleranz von Frank, vermehrte sich der Aquarien-Bestand deutlich und gipfelte 2005 in einem großen 300-Liter-Aquarium. Und dennoch, der Wunsch nach weiteren Becken war nicht zu bremsen. Mittlerweile tummelten sich in 16 Becken verschiedener Größe diverse Garnelenarten wie Rückenstrichgarnelen, White Pearl, Blue Pearl, Red Fire, Amanogarnelen, Tigergarnelen, diverse Babaultis, Hummeln, Molukken- und Gabun

Fächergarnelen und natürlich schwarze und rote Bienengarnelen in den unterschiedlichsten Zuchtklassifizierungen.

Bei so vielen Aquarien wurde der Platz in der Wohnung schnell zu eng und so kam es Anfang 2008 zum verhängnisvollen Umzug in eine größere Wohnung. Die neue Wohnung selbst war und ist ein Traum, deutlich größer, ein Zimmer mehr und sogar preislich gleich wie die alte Wohnung, aber offenbar kamen die Tiere mit den neuen Wasserbedingungen nicht so gut klar. Bereits kurze Zeit später begannen die ersten Tiere zu sterben ... Sämtliche Sofortmaßnahmen halfen nicht und der gesamte Bestand reduzierte sich immer weiter. Am Ende waren fast alle Tiere gestorben und nur einige wenige schienen sich wirklich eingewöhnt zu haben.

Natürlich gibt Tanja nicht auf, auch wenn diese bittere Katastrophe bis heute nicht geklärt ist und man hilflos dem Massensterben zusehen musste. Alle gemessenen Wasserwerte waren und sind im grünen Bereich und mittlerweile tragen die ersten Hochzuchtbienen auch wieder Eier. Hoffen wir also, dass es bald wieder überall von Nachwuchs wimmelt!

GRADUATE GIRL
MASTERCLASS
03

Tim Z. (27) aus Münster

Meine kleine Garnelenzucht

Anzahl: 20 Becken

Größe pro Aquarium: ca. 80 Liter

Filterung: Außenfilter, Innenfilter/ Luftheber, Bodenfilter

Wassertemperatur: 23 °C

Besatz:
Bienengarnelen, Schwarze und Blaue Tiger

Bepflanzung:
Moose, Javamoos, Christmas Moos

Futter:
div. Handelsprodukte, TK-Spinat

Wasserwerte:

pH: 7,8
Leitwert: 400 µS
GH: 8°
KH: 5°

Zur Nachahmung empfohlen:
Immer auf das Verhalten der Tiere achten, moderat füttern und lieber zu viel, als zu wenig Sauerstoff ins Becken einbringen.

Schwarz-weiße Bienen sind klasse

Tim hat von seinen Eltern die Aquaristik bereits mit in die Wiege gelegt bekommen. Früh hatte er sein erstes eigenes Aquarium mit Platys und Guppys. Viele Jahre gingen ins Land, bis er eines Tages im Jahr 2006 bei einem Freund die ersten Crystal-Red-Garnelen gesehen hatte. Der „Alt-Aquarianer" Tim war sofort äußerst angetan von diesen filigranen, kräftig rot gefärbten Tieren, die überall im Aquarium zu beobachten waren. Langes Verneinen, des bereits in Crystal-Red-Garnelen verliebten Freundes half nichts, eine Gruppe von zehn Tieren musste er Tim mitgeben. Leider währte die Freude nicht lange, denn schon nach einiger Zeit waren alle Tiere gestorben. Im Verdacht stand damals eine sogenannte Mopaniwurzel, die auch

schon bei vielen anderen Garnelenhaltern zu Problemen geführt haben könnte. Man vermutet, dass dieser Typ Wurzel eventuell Stoffe an das Wasser abgibt, die für Garnelen tödlich sein können. Die Mopani wurde also entfernt und in der Folge zogen einige robustere Red-Fire-Garnelen ein. Die Tiere vermehrten sich prächtig und machten sich in dem Becken so gut, dass es Tim später auch wieder mit Bienengarnelen versuchen wollte.

Mittlerweile standen schon mehrere Aquarien in seiner Wohnung, die mit unterschiedlichsten Garnelenarten und Krebsen wie *Cambarellus puer* und *Cambarellus patzcuarensis* 'Orange' besetzt waren. So bezogen nach einiger Zeit auch wieder mehrere Crystal-Red-Garnelen, sowie schwarze-weiße Bienengarnelen der Vierbandklassifizierung ein freies Becken.

Kurze Zeit später kam es abermals zu einigen, bis heute unerklärlichen Todesfällen bei den Bienengarnelen, was sich aber nach einiger Zeit ohne weitere Maßnahmen besserte. Wahrscheinlich nur anfängliche Eingewöhnungsschwierigkeiten der Tiere, denn der Stamm vermehrte sich im Laufe der Zeit sehr gut.

Es kam, wie es kommen musste: Ein Becken reichte für die paarungswillige Bienengruppe nicht mehr aus, sodass die Aquarienanlage zwingend erweitert werden musste. Nun ging es richtig los und schon bald wurden rote und schwarze Bienen höherer Zuchtklassifizierung hinzugekauft, bzw. mit befreundeten Züchtern getauscht. Sogar ganz weiße Tiere (Snow Bee) kamen hinzu, um den Weißanteil einzelner Gruppen zu erhöhen und neue Muster herauszuzüchten. Aus Mangel an geeignetem Platz in der eigenen Wohnung, eroberte sich Tim einen Kellerraum im Haus seiner Eltern und richtete dort eine Zuchtanlage mit 20 Aquarien ein. Nachwuchs stellt sich seitdem regelmäßig ein und mittlerweile tummelt sich eine beachtliche Anzahl an wunderschönen Bienengarnelen in Tims Anlage. Seine Lieblinge sind die schwarz-weißen Bienengarnelen, die eigentlich nur noch im Kopfbereich einige schwarze Stellen haben und sonst komplett weiß sind. Ein herrlicher Anblick, wenn sich von solchen Tieren eine ganze Gruppe im Becken befindet und die saftig-grünen Mooslandschaften abweidet.

Da für die Hochzucht viel Selektionsarbeit anfällt, wofür man wiederum viele Becken benötigt, kommen in Zukunft sicher noch weitere Aquarien hinzu. Zwar haben einige andere Arten den Bienengarnelen bereits Platz gemacht, man kann aber absehen, dass dies bald nicht mehr reichen wird. Tim

Timo W. (19) aus Hamburg

Meine kleine Garnelenzucht

Anzahl: 2 Aquarien

Größe pro Aquarium: 18 u. 112 Liter

Filterung: Rucksackfilter, Außenfilter

Wassertemperatur: 18 bis 24 °C

Besatz:
Bienengarnelen, *Otocinclus* (Welse)

Bepflanzung:
Microsorum 'narrow', *Microsorum* 'needle', *Ulticularia graminifolia, Fissidens fontanus, Rotala rotundifolia, Polygonum* sp., *Staurogyne* sp., *Riccardia chamedryfolia, Anubias nana* 'petite', *Bolbitis heudelotii, Marsilea hirsuta, Glossostigma elatinoides*

Futter:
div. Handelsprodukte

Wasserwerte:

Leitwert kl. Becken: 250-300 µS
Leitwert gr. Becken: 500-600 µS

Aufgeben ist nicht seine Sache

Schon früh hatte sich Timo zu Weihnachten ein Aquarium gewünscht. Mit klassischen Begründungen wie „Die Arbeit bleibt dann doch wieder an uns hängen", wurde sein Wunsch nie erfüllt. Doch zu Weihnachten 2003 bekam Timo dann das alte 112-Liter-Becken seines Onkels geschenkt und die Eltern gaben sich geschlagen. Der Onkel hat Timo dann auch mit Rat und Tag zur Seite gestanden und mit ihm zusammen das Becken neu eingerichtet.

Nach der unendlich langen Einlaufphase von drei Wochen bezogen die ersten Fische das Aquarium. Neben Guppies, Neons und Zwergbuntbarschen kamen irgendwann auch Red-Fire-Garnelen hinzu, die sich trotz der Barsche im Javamoos gut vermehrten. 2004 verliebte er sich dann in Bienengarnelen, die natürlich auch ihren Platz in diesem Becken fanden.

Es folgten einige Wohnungsumzüge, die den Fisch- und Garnelenbestand deutlich dezimierten. Aufgeben ist aber nicht Timos Sache und auf der Suche nach Informationen im Internet für einen Bienen-Neustart, stieß er Anfang 2006 auf rot-weiß gebänderte Crystal-Red-Garnelen. Dieser Anfangsstamm lebte allerdings nicht sehr lange, sodass nur noch die wenigen Red-Fire-Garnelen und ein paar Fische vorhanden waren.

Ein weiterer Umzug gab Timo dann die Möglichkeit, für die restlichen Garnelen ein kleines 25-Liter-Becken aufzustellen. Ein sogenannter Hamburger Mattenfilter kam zum Einsatz, den Timo allerdings aus optischen Gründen bald wieder entfernte. Bei dieser Aktion sind dann auch die letzten Garnelen verstorben. Mit Garnelen schien er einfach kein Glück zu haben. In dieser Zeit wuchs aber auch die Begeisterung für Aquariengestaltung

und Timo richtete seine Becken so hübsch ein, dass er sogar mit dem kleinen Aquarium einen Wettbewerb gewann.

Die Becken liefen super und erneut wollte er es mit Crystal Red versuchen. Doch was war bloß los, nach kurzer Zeit kippte ihm der gesamte Bestand wieder um. Frustriert baute Timo das Aquarium ab und stellte einen 18-Liter-Würfel auf, den er bei dem Wettbewerb gewonnen hatte. Dieser wurde als echtes Aquascaping-Projekt gestartet, das bedeutet mit speziellem Bodengrund, stärkerer Beleuchtung und CO_2-Düngung. Die Früchte seiner Arbeit ließen nicht lange auf sich warten. Beim International Aquatic Plants Layout Contest, dem größten und bekanntesten Gestaltungswettbewerb für Aquarien, belegte er den 447. Platz, von immerhin 1142 Teilnehmern. Die Leidenschaft für Naturaquaristik stieg weiter an, aber auch der Ehrgeiz, Crystal-Red-Garnelen in so einem schönem Becken zu halten. So folgten abermals Tiere mit einem schönen Weißanteil, wobei einige sogar das Merkmal V- Band aufwiesen. Anfangs machten sie sich sehr gut und vermehrten sich sogar. Doch wie sollte es anders sein, während eines kurzen Urlaubs musste irgendwas passiert sein, denn der Großteil des Stammes lag nach seiner Rückkehr tot im Becken.

Und wieder begann Timo neu – natürlich wieder mit Bienen. Seitdem läuft es mit der Vermehrung ganz gut und vor Kurzem hat Timo sogar eine kleine Hochzuchtgruppe erworben, bestehend aus Hinomarus und einer Mosura. Erfreulicherweise läuft es jetzt sehr gut und die ersten Hochzucht-Babys wuseln gesund und munter durch die Becken. Es hat sich also gelohnt, standhaft zu bleiben und nach ersten Rückschlägen nicht gleich aufzugeben. Wir hoffen, das bleibt weiter so!

Suschi, Garnelen und andere Köstlichk

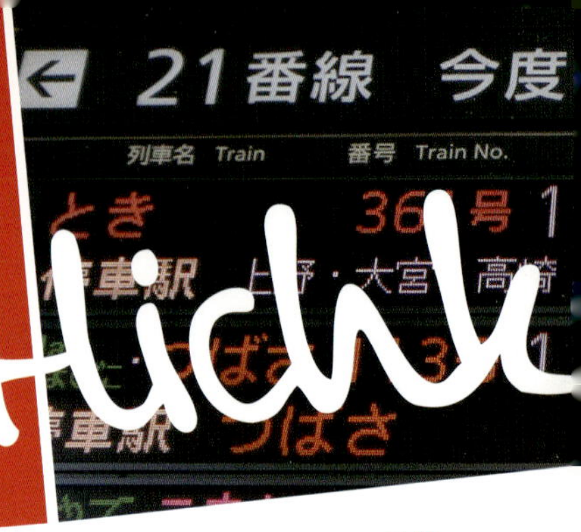

Tagebuch einer Japan-Reise im Zeichen der Aquaristik

Japan – ein Land, das in unserer Vorstellung geprägt ist von höchst widersprüchlichen Begriffen wie Technologie, Hektik, Arbeitseifer und Wirtschaftsmacht einerseits und fernöstlicher Lebensphilosophie, Tradition, Harmonie zwischen Mensch und Natur, Fuji und Karate anderseits. Klischees, die über weite Strecken durchaus zutreffen. Aber letztlich bietet dieses Land noch sehr viel mehr und hatte für unsere kleine Reisegruppe im Zeichen der Aquaristik viele Überraschungen bereit.

Tempelanlagen findet man an vielen Stellen in Tokio. Eine der bekanntesten ist sicherlich Senso-ji im Stadtteil Asakusa. (links)

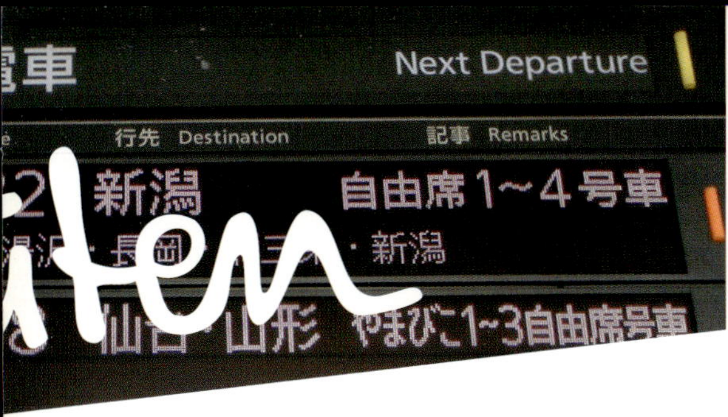

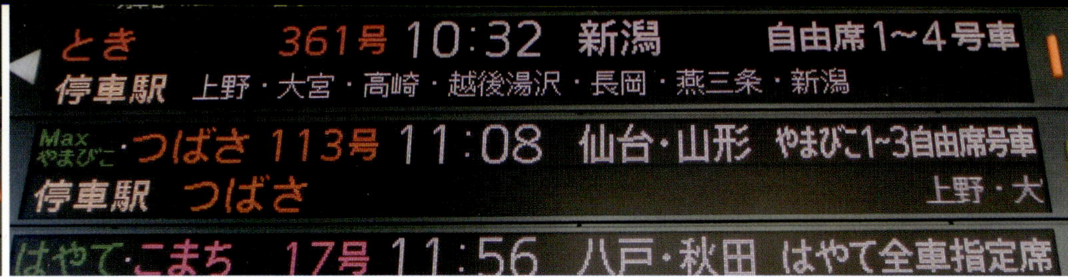

Sonntag

Abflug von Hamburg über Paris. Nach gut 12-stündigem Flug kommen wir am frühen Sonntagmorgen am Narita-Airport in Tokio an. Die Videofilme im Flieger kennen wir jetzt wirklich auswendig. Die Einreiseformalitäten sind erfreulich problemlos und mit knurrendem Magen und einer japanischen Wegbeschreibung machen wir uns auf den Weg. Die erste echte Bewährungsprobe in Sachen Verständigung.

Unser Ziel hieß Niigata, eine Stadt auf der anderen Seite der Insel Honshu, gut 280 Kilometer entfernt und Hauptsitz der Firma ADA. Hier wollen wir uns auf persönliche Einladung von Takashi Amano informieren und seine Natur-Aquariengalerie besichtigen. Dank der guten Informationen, die wir von ADA bekommen haben, finden wir uns im Bahnhofslabyrinth unter dem Airport erstaunlich schnell und gut zurecht und ergattern wundersamerweise sogar die richtigen Tickets. Unser Ziel: Tsubame Sanjo. Diesen Vorort von Niigata erreichen wir nach gut zwei Stunden Bahnfahrt und ein freundlicher Taxifahrer chauffiert uns ins nahe gelegene Hotel.

Nach einer kurzen Erkundungstour in die angrenzenden Reisfelder und deren Entwässerungsgräben und etwas Shopping im nahen Einkaufszentrum wird der anstrengende Reisetag vom Abendessen in einem echten japanischen Sushi-Restaurant wohlverdient beendet. Herrlich!

Montag

Am Morgen steht wie vereinbart um 9 Uhr der Fahrer von ADA vor der Tür, sammelt uns ein und los geht's ins Hauptquartier für alle Fans und Freunde der Natur-Aquaristik. Gleich im Eingangsbereich das erste, gut drei Meter lange Becken bringt uns zum Staunen. Und dann erst der Anblick, als wir um die Ecke biegen: gut dreißig Becken unterschiedlichster Größe, präsentiert in einer hellen, freundlichen und ansprechenden Galerie. Die Aquarien sind allesamt sehr schön eingerichtet, perfekt gepflegt und die meisten laufen bereits seit mehreren Jahren, das älteste sogar seit fünf Jahren.

Nach persönlicher Begrüßung durch Mr. Takashi Amano, sehen wir uns erst einmal in aller Ruhe und völlig ungestört in der gesamten Galerie um, denn heute ist sie für den Publikumsverkehr nicht geöffnet. Mr. Kondo führt uns durch die Galerie und beantwortet unsere vielen Fragen. So wird beispielsweise die Beleuchtungsdauer täglich auf acht Stunden begrenzt und zur Algenbekämpfung werden wirklich in nahezu allen Becken Amanogarnelen eingesetzt.

Natürlich darf auch der geschäftliche Teil nicht fehlen, da wir ja auch als ADA-Vertriebspartner hierher gekommen sind. So gibt es nach einem ausführlichen Business-Talk mit Mr. Amano und einem gemeinsamen Mittagessen auch einen interessanten Rundgang über das Firmengelände. Neben einer stattlichen Anzahl selbstgepflegter Bonsais können wir dabei dann auch den silberfarbenen Automobil-Stolz aus Stuttgart bewundern.

Nach weiteren Gesprächen, vielen Fotos und der Video-Aufzeichnung eines Interviews mit Mr. Amano geht's am frühen Abend zum gemeinsamen Sushi-Essen in ein First-Class-Restaurant. Ein Abend, der in entspannter Atmosphäre, bei kulinarischen Köstlichkeiten und japanischem Kartoffelschnaps sicher unvergessen bleibt.

ADA – Naturaquarien-galerie mit traumhaft gestalteten Aquarien unterschiedlicher Größe.

Dienstag

Bereits um 7 Uhr geht's mit dem Zug zurück in Richtung Tokio. Mit Händen und Füßen können wir uns auch diesmal verständlich machen und die passenden Tickets erwerben. In Machida wollen wir unseren Reiseführer und Vor-Ort-Organisator Hirotaka Sato treffen. Nach Tokio zu reisen war kein echtes Problem, aber wie kommt man von dort nach Machida? Natürlich haben wir eine grobe Beschreibung, aber irgendwie sieht es hier nun doch ganz anders aus. Und so pfeift uns auch ein Beamter energisch, aber freundlich zurück, als wir ohne gültige Tickets an der Absperrung vorbeilaufen. Im Zug finden wir dann jemanden, der Englisch spricht und uns rechtzeitig sagt, wann wir aussteigen müssen. Wir erwischen sogar den richtigen Ausgang in dem unterirdischen Gewirr und stehen wenige Minuten nach unserem Anruf vor unserem japanischen Begleiter Hiro. Geschafft!

Nun Gepäck ins Auto, ein kleiner Imbiss mit eiskalter Cola (es sind ca. 30 °C und sehr hohe Luftfeuchtigkeit), Einchecken im Hotel und dann los zum ersten Termin beim Verlag MPJ, der unter anderem das Magazin Aqua Life herausgibt. Bepackt mit allerhand Papier und versorgt mit wertvollen Tipps, wo wir Amanogarnelen in ihrem natürlichen Biotop finden können, verlassen wir den Verlag.

Nächste Station ist Ebi-Ten (was „Garnelen im Teigmantel" heißt) in Hadano. Dort erwartet uns Yoshiyasu Hagiwara. Nach gut zwei Stunden Fahrt stehen wir auf dem Hof. Mr. Hagiwara begrüßt uns freundlich und bittet uns herein. Was wir sehen, ist alles andere als ein perfektes Ladengeschäft mit glänzenden Böden und verlockenden Auslagen. Das Ganze gleicht – und das meinen wir gar nicht abwertend – eher einem typischen Züchterladen mit Kartons und etwas Chaos.

Hier stehen einfach die Tiere im Mittelpunkt und nicht der schöne Schein. Und diese Tiere können sich wirklich sehen lassen! Überwiegend rot-weiße Red Bees in vielen Abstufungen, schwarz-weiße Bienen, Amanos, Kardinalsgarnelen, einige Fische und auch Pflanzen. Dazu Produkte verschiedener Hersteller, sowie die unter eigenem Namen vertriebenen Futtersorten, Wasserzusätze und Bodengründe.

Es folgen angeregte Gespräche und Erfahrungsaustausch, bevor wir vor dem Dunkelwerden noch zum nahen Flusslauf gehen, wo es laut Mr. Hagiwara verschiedene Garnelenarten geben soll. Am Fluss ist es leider doch schon zu dunkel. Wir haben heute also leider kein Fangglück mehr.

Zum Abschluss des Tages werden wir in ein Sushi-Restaurant eingeladen, das ebenfalls Mr. Hagiwara gehört. Hier sorgt unser Kameramann für Heiterkeit. Scheinbar kann er den Mund nicht voll genug bekommen, und so landet zum Schluss des gelungenen Abends noch eine unglaublich große rohe Auster auf seinem Teller. Die Lacher sind auf unserer Seite, aber mit Hilfe von Hiro schlägt er sich tapfer und am Ende liegt wirklich nur noch die leere Schale da. Nun noch zwei Stunden Rückfahrt zum Hotel und am nächsten Morgen wieder früh raus.

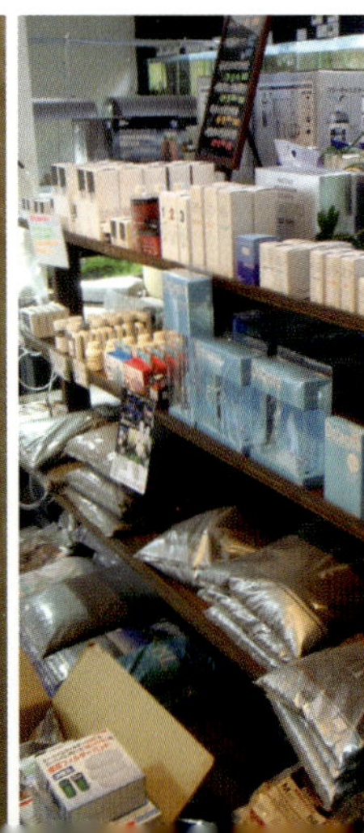

Mittwoch

Abfahrt 6 Uhr. Unser Ziel heißt heute Toshima, gut vier bis fünf Autostunden östlich von Tokio und die Wirkungsstätte von Hisayasu Suzuki, einem Bienengarnelenzüchter der ersten Stunde. Mr. Suzuki gilt im Allgemeinen als „Erfinder" der Crystal-Red-Garnele. Nach einer kurzen Irrfahrt durch das Städtchen werden wir auf dem Hof begrüßt. Ein größeres Häuschen und zwei Gewächshäuser machen neugierig.

Es ist schon ein besonderes Gefühl, wenn man sich bereits so lange wie wir mit diesen Tieren beschäftigt, viel über sie liest, dabei immer wieder auf den Namen des „Erfinders" stößt und nun stehen wir ihm gegenüber. Nicht ohne Stolz führt er uns zuerst durch die Moosanlagen seiner Gewächshäuser. Wir sind beeindruckt von der Vielfalt unterschiedlicher Moosarten in perfekter Qualität, akkurat auf Wurzelholz, Steinplättchen, Bambusröhrchen oder Tonschalen aufgebunden.

Nach dem Lunch in einem China-Restaurant, bei dem wir bereits heftig fachsimpeln, geht es auf dem Rückweg zu einer weiteren Gewächshausanlage. Hier werden in penibler, kleinteiliger Handarbeit verkohlte Bambusröhrchen zusammengesetzt und akkurat mit Moos bepflanzt.

Zurück in der Hauptanlage geht es endlich um die Crystal Reds. Viele Fragen brennen uns auf der Zunge und Mr. Suzuki ist sehr freundlich und auskunftsbereit. Fast den ganzen Tag nimmt er sich Zeit für uns, auch wenn er die Crystal-Red-Zucht heute nur noch als Hobby betreibt. Nach einem dramatischen Unfall in seiner Anlage hat er vor einigen Jahren fast alle seine Tiere verloren. In der Folgezeit ergab sich für ihn dann die Möglichkeit mit der Mooskultur. Die Garnelenzucht hat er nie wieder wirklich intensiviert. Offenbar ein nachhaltig prägendes Ereignis, dessen Ursachen wir nicht weiter erfragen wollen ...

Die Zeit vergeht viel zu schnell, aber vor der Abreise dürfen wir uns noch ein paar Moose für unsere heimischen Aquarien aussuchen. Diese Chance lassen wir uns natürlich nicht entgehen. Nach sechs Stunden Autofahrt und einem Happen Essen gehen wir erschöpft, aber glücklich, zu Bett.

Donnerstag

Donnerstagmorgen – Punkt 9 Uhr steht Hiro wieder in der Empfangshalle des Hotels. Auf dem Programm steht heute der Besuch bei Minoru Yamagishi sowie die Besichtigung einiger Aquaristik-Fachgeschäfte. Es ist gar nicht weit zu fahren, aber wir sitzen auf den hoffnungslos überfüllten Straßen fest. Erst gegen 12 Uhr treffen wir endlich bei Mr. Yamagishi ein.

Zuerst können wir uns in aller Ruhe in dem sehr gut sortierten und optisch äußerst ansprechenden Laden umsehen, bevor es bei Tee und Cola in kleiner Runde um die Bienengarnelen geht. In einem älteren Zeitschriftenartikel hatten wir gelesen, dass er bereits seit 1989 rote Bienengarnelen pflegt und züchtet. Die Zeit vergeht wie im Fluge, als wir seinen Ausführungen zu den Garnelen sowie zu seiner zweiten Passion, dem Aquascaping (Layoutgestaltung von Aquarien) zuhören. Aber wir haben für heute ja noch weitere Termine auf dem Plan ...

Wieder eine Stunde Autofahrt und wir halten vor einem eher unscheinbaren Gebäude, welches sich im Inneren allerdings als wahrer Aquaristik- und Insekten-Tempel herausstellt. Drei Etagen, optisch nicht gerade alles perfekt, aber die Auswahl an Süß- und Salzwassergetier sowie an allerlei (unheimlichen) Insekten ist beeindruckend. Leider können wir in den oft nur spärlich beleuchteten Becken nicht gut fotografieren.

Das Angebot der etwas abseits positionierten Zwerggarnelen ist allerdings recht überschaubar und überzeugt uns hinsichtlich Auswahl und Zustand der Anlage nicht wirklich.

Nach gut 1,5 Stunden sind wir schon wieder auf dem Weg zum nächsten Shop. Aqua Fortune, ein kleiner Pflanzenshop mit einer Auswahl an Garnelen, einigen Fischarten und aquaristischem Zubehör, vorwiegend abgestimmt auf den Liebhaber schön bepflanzter Aquarien. Die zwar relativ kleine Auswahl an unterschiedlichen Garnelenarten lässt aber in der Farbenpracht und Qualität nicht viel zu wünschen übrig. Solch ein Angebot an hochwertigen rot- und schwarzweißen Bienengarnelen wird man im Fachhandel in Deutschland wohl vergeblich suchen. Und das noch zu recht moderaten Preisen von 20 bis 30 Euro für ein Tier von Munechika Fish Farm. Auch ein pflanzenbegeisterter Aquarianer hätte hier sicher das eine oder andere „Schätzchen" gefunden. Besonders die unterschiedlichen *Eriocaulon* sp. – und *Tonina*-Arten haben es uns angetan. Aber leider sind die doch sehr teuer und unsere Verhandlungsbemühungen stoßen beim Inhaber des Geschäfts auf taube Ohren. Aber 30 bis 60 Euro für ein *Ericaulon*-Pflänzchen sind uns dann doch zuviel ...

Mittlerweile ist es schon fast wieder 19 Uhr geworden und unsere Mägen knurren. Kurz Kameramann Niklas zum Hotel gefahren, da er auf eigene Faust das Nachtleben im Umfeld unsicher machen will und dann, wie sollte es auch anders sein, wieder zum Sushi-Essen und den Abend gemütlich ausklingen lassen.

Freitag

Heute können wir ausnahmsweise etwas länger schlafen und sogar noch ein bisschen frühstücken, bevor uns gegen 10 Uhr die 3-köpfige Delegation von Tetra-Japan zu einer ausgiebigen Sightseeing-Tour durch Downtown-Tokio abholt. Mr. Tabata, Mr. Abe und Mrs. Nakagomi haben alles bestens geplant und einen wunderbaren Zeitplan aufgestellt, der sich allerdings innerhalb der ersten zwei Stunden praktisch in Luft auflöst, da wir in den Straßen der Metropole kaum vorankommen. An dieser Stelle sei angemerkt, dass im Ballungsraum Tokio, zu dem auch etliche umliegende Großstädte zählen, gut 30 Millionen Menschen leben, arbeiten, einkaufen und offensichtlich auch Auto fahren. Trotz mehrspuriger Schnellstraßen, mehrstöckiger Stadtautobahnen (die sich zum Teil atemberaubend dicht an den Wohnblocks in Höhe der 5. oder 6. Etage entlang schlängeln), einem gut ausgebauten U-Bahnnetz und zahllosen Bussen und Taxen, geht irgendwann nichts mehr. Bemerkenswert ist dabei die sprichwörtliche Ruhe der Asiaten: kein Gehupe, kein Gedränge, kein hektisches Gestikulieren ... sehr angenehm.

Als erstes geht es zum Pau Pau Aqua Garden in Ginza, der drei Etagen unter der Erdoberfläche liegt und zu einem angrenzenden, völlig unterirdisch gelegenen Einkaufzentrum gehört. Die Zeit im Nacken können wir hier nicht allzu lange verweilen, haben aber immerhin Mini-Mooskugeln und possierlich grinsende Frösche entdeckt. Die Mooskugeln müssen wir natürlich haben!

Umzingelt von Bürotürmen, hektischem Treiben auf den Straßen und Menschengewimmel so weit das Auge reicht, so geht's zu Fuß nach wenigen Metern scharf links um die Ecke. Durch ein japanisches Holztor in eine Art baumbestandenen Innenhof: Welch eine himmlische Ruhe!

Die kleine Tempelanlage, die sich trotzig den Betonbauten entgegen stellt, bietet in der Hektik des Alltags den Japanern die Möglichkeit für ein Gebet. Für Besucher gibt es sogar eine kurze bebilderte Anleitung, wie man es richtig macht. Unsere Wünsche können wir mittels

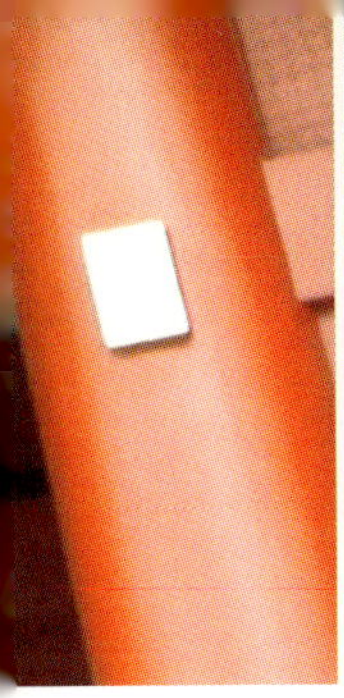

Zettelchen an ein kleines Wunschbrett heften – vielleicht funktioniert es ja ...

Genug der Entspannung, zu Fuß geht es weiter durch die bunten Häuserschluchten, immer auch auf der Jagd nach passenden Fotoeindrücken. Irgendwann heißt es dann wieder ab in den Untergrund. Ein weiteres, komplett unterirdisch gelegenes, riesiges Einkaufszentrum. Boutiquen, Elektronik-, Musik- und Handyshops an jeder Ecke und etwas weiter hinten im ruhigeren Teil gelegen – Aqua Forest. Sicher einer der schönsten und ansprechendsten Aquaristikläden, die wir bisher gesehen haben. Sehr schön gestaltete Showbecken gleich im Eingangsbereich, sehr saubere, gut gepflegte Becken überall im Geschäft, perfekter Zustand der Fische, Pflanzen, Garnelen und Schnecken. Tadellos beschriftet und super Präsentation des Zubehörs. Da muss doch einfach jeder Lust auf Aquaristik bekommen. Nachdem die Verkäufer herausbekommen, dass wir nur für einige Foto- und Filmaufnahmen und wegen spezieller Pflanzen in ihren Laden gekommen sind, bekommen wir sogar einige der ersehnten *Eriocaulon* sp. für jeweils 20-25 Euro mit. Da kommt Freude auf!

Weiter geht's zum Touristenziel schlechthin: die buddhistische Tempelanlage Senso-ji im Stadtteil Asakusa, Tokios älteste und bedeutendste Anlage überhaupt. Erbaut im 7. Jahrhundert nach Chr. wurde sie, nach der Zerstörung im II. Weltkrieg, nahezu originalgetreu wieder aufgebaut und beeindruckt trotz der großen Anzahl von Besuchern aus aller Welt und der vielen Kitsch-Souvenierläden durch eine gewisse mystische Atmosphäre.

Immer noch „mystisch aufgeladen" wollen wir unbedingt noch zur großen Kreuzung in Shibuya – ist doch schließlich gar nicht weit. Weit ist es nicht, aber ein Parkplatz im Herzen des Shopping-Viertels ist überhaupt nicht zu bekommen. Einige Foto- und Filmaufnahmen wollen wir aber machen und so gibts nur eins: alle raus aus dem Auto, bis auf den Fahrer. Der fährt 30 Minuten lang um den Block und sammelt uns danach wieder am Treffpunkt ein. Das Ende dieses Tages wird dann doch entspannter. Nach kurzer Fahrt zum Hotel gehen wir zu Fuß in ein nahegelegenes Einkaufszentrum zum Abendessen. Was wir essen, wird wohl nicht schwer zu erraten sein ...

Samstag

Heute geht's raus in die Natur. Wir begeben uns auf die Suche nach der Amanogarnele. Dank der guten Tipps aus dem MPJ-Verlag, weiß Hiro schon relativ genau, wo wir mit der Suche beginnen müssen ...

Es folgt eine gut 3-stündige Anfahrt in die Küstenregion der Präfektur Shizuoka, südwestlich von Tokio gelegen. Unterwegs eine kurze Kaffeepause bei Starbucks. Jetzt müssten wir eigentlich einen wunderbaren Blick auf den Vulkan Fujiyama haben, aber leider ist das Wetter trübe. Nach endlosen Kilometern dann der erste vielversprechende Fluss. Nächste Ausfahrt runter von der Schnellstraße und irgendwie eine Straße zum Fluss gesucht. Praktischerweise ein Parkplatz direkt am Deich. Kamera, Fangnetz, Eimer und was man sonst noch so braucht unter den Arm geklemmt und schon geht's los. Der Flussarm, der an dieser Stelle wohl gut 100 m breit ist, führt jetzt recht wenig Wasser. Er verläuft mittig im Flussbett ohne angrenzenden Uferbewuchs. Auch im Fluss selbst sind an dieser Stelle keine Pflanzen zu finden. Einige Insekten, kleinere Fische und eine *Macrobrachium*-Art gehen uns ins Netz. Also lieber weiter, zum eigentlichen Ziel.

Durch die Berge geht's nun runter zur Küste und die städtische Bebauung weicht einem eher dörflichen Landschaftsbild. Entlang der Küstenstraße fahren wir bis zum beschriebenen Örtchen und hier sieht der kleine Gebirgsbach auch schon sehr viel interessanter aus. Unter den Augen ungläubig dreinschauender Einheimischer geht es mit Netz bewaffnet direkt ins kühle Nass ... und tatsächlich, gleich der erste Versuch bringt beim abkeschern der Ufervegetation einige Garnelen zum Vorschein.

Wohl eine *Caridina*-Art und mit schöner bräunlich-roter Strichzeichnung, Amanos aber auf jeden Fall nicht. Sie folgten aber kurz danach: echte Amano-Wildfänge! Das war ja einfach! Wir sind fast ein bisschen enttäuscht, dass unserem Forscherdrang so schnell Tribut gezollt wurde. Hier sind wir also richtig und in Ruhe können wir einige Film- und Fotoaufnahmen vom Habitat machen, bevor wir – nach kurzem Zwischenstopp bei einer kleinen Tempelanlage – zum benachbarten Fluss im angrenzenden Tal weiterfahren. An einem kleinen Wehr halten wir an, und finden fast identische Bestände vor. Auch hier sind die Uferzonen reichlich mit Schilf und Gestrüpp bewachsen, im Wasser selbst ist aber nichts Grünes zu finden. Steine, Laub und abgestorbene Pflanzenreste des Uferbewuchses sowie ein recht ordentliche Strömung beherrschen die Bäche in dieser Region. Die beiden Stellen, an denen wir heute fischten, sind übrigens ca. einen Kilometer von der Mündung ins Meer entfernt. Der gemessene Leitwert be-

trägt jeweils 136 µS (Microsiemens) bei einem pH-Wert von 8,1.

Als letzte Station unserer Habitatsuche wollen wir noch in ein anderes Tal gut 10 km landeinwärts zum Oberlauf eines Baches. Dank der präzisen Straßenkarte ist eine passende Stelle, zwischen den hier teilweise recht steilen Berghängen und abseits jeglicher Bebauung, schnell gefunden. Eine kleine Brücke überquert den tiefer gelegenen Bachlauf, die Berghänge sind mit riesigen Bambuswäldern überzogen und im Uferbereich wächst Schilf. Der Bach sieht super aus, ist hier ca. 2 bis 3 Meter breit, relativ seicht und die Strömung nicht so stark wie an den anderen beiden Bächen.

Die steilen, felsigen und mit diversen Moosen bewachsenen, steinigen Berghänge erschweren uns zwar den Zugang zum Fluss, bieten aber auch einigen Blumen und Schmetterlingen eine Heimat. Im Bach selbst finden wir, ähnlich wie an den anderen Stellen auch, einige kleinere *Caridina*-Arten, kleine Fische und Amanos. Hier allerdings deutlich größer als im Unterlauf der anderen Bäche.

Während wir bei einer kleinen Lunchpause die Schönheit des Tals genießen, rückt doch tatsächlich ein Bautrupp an, der die Randstreifen der Straße vom Gestrüpp befreien muss. Und schon ist es Dank kreischender Häckselmaschinen mit der Entspannung vorbei und wir machen uns lieber wieder auf den Weg zum Hotel. Die Sachen, die wir heute Morgen schon gepackt haben, müssen noch abgeholt werden, da wir für die letzte Nacht ein Hotel unmittelbar am Flughafen gebucht haben.

Zum Abschluss also wieder ein spannender Tag, den wir spät am Abend beim Essen Revue passieren lassen.

Sonntag

Keiner von uns ist jemals zuvor in Japan gewesen und so sind unsere Eindrücke doppelt stark. Zum einen die Begegnung mit Land, Leuten, Natur und einer für uns Europäer so fremdartig wirkenden Kultur und Gesellschaft. Zum anderen die vielen interessanten Menschen, die wir in den letzten Tagen getroffen haben und mit denen wir so viele Dinge teilen konnten, weil auch sie der Faszination der Bienengarnele erlegen sind. Es ist schon etwas ganz Besonderes, das wir wahrscheinlich in dieser Form nicht so schnell wieder erleben werden.

Uns bleiben aber die vielen neuen Erfahrungen und Einblicke, einige der frisch geknüpften Kontakte und nicht zuletzt traumhafte Bilder und Erinnerungen an eine Woche im Land der aufgehenden Sonne.

Danken möchten wir allen, die dafür gesorgt haben, dass diese Reise zu einem unvergesslichen Erlebnis für uns wurde, von dem hoffentlich auch viele Leserinnen und Leser noch profitieren. Hier ist neben den vielen Gesprächspartnern vor Ort vor allem die Firma Tetra zu nennen, die dieses Projekt maßgeblich unterstützt hat. Ein besonderer Dank gilt aber unserem Begleiter Hiro (Hirotaka Sato), ohne dessen Hilfe und Organisationstalent wir in der Fremde wahrscheinlich völlig verloren gewesen wären und ohne den viele Kontakte nicht zustande gekommen wären. Es hat einfach alles perfekt geklappt!

Handels-Klassifizierungen für rote u

Klasse 0

K0

Grade C

Ausgangsform/
geringer
Weißanteil

Klasse 2

K2

Grade B

Ausgangsform/
erhöhter
Weißanteil

Klasse 4

K4

Grade A

3- und 4-Band

Klasse 6

K6

Grade S

Tigertooth
und V-Band

d schwarze Bienengarnelen

Klasse 8

K8

Grade S

Hinomaru

Klasse 10

K10

Grade SS

Doppel-Hinomaru/ No-Entry-Sign/ Halfmoon

Klasse 12

K12

Grade SSS

Mosura

Klasse 14

K14

Grade SSS

Mosura mit besonderer Kopfzeichnung (Crown, Heart, Lightning)

JBL
Für das beste Wasser von Anfang an!
JBL
Biotopol C®
D Wasseraufbereiter für Krebse & Garnelen
Bei Neueinrichtung und Wasserwechsel
Bindet zuverlässig tödliches Kupfer
GB Water conditioner for crustacea and shrimps
For newly set up aquariums and changes of water
Reliably absorbs toxic copper
Cu
Cu
Für / For 400 l
Für Süßwasser
For freshwater
www.JBL.de
JBL
JBL Biotopol C – der optimale Wasseraufbereiter für Ihre Krebstiere im Süßwasser!
Bindet schnell und zuverlässig lebensbedrohliches Kupfer
Belässt die Härtebildner im Wasser für die Panzerbildung
Führt dem Wasser Mineralien zu für die erleichterte Häutung
Am besten gleich JBL!
Vorsprung durch Forschung
JBL
www.JBL.de

FÜR MEHR
PAARUNGSBEREITSCHAFT
Organix®
SÖll
PLEASE
DO NOT
DISTURB
Organix®
SÖll
SHRIMP STICKS
Hauptfutter für Welse, Krebse und Barsche
126 g
270 ml
MEHR ALS 3% OMEGA 3 & 6 FETTSÄUREN (DHA/EPA)
www.soell-organix.de
Organix®
GUTES FUTTER FÜR GUTE GARNELEN

Tetra
Ideal für Garnelen!
TetraAquaArt
20 Liter Shrimps-Aquarium
• Brillant Innenfilter
• Aquarienluftpumpe
• Luftpumpenschlauch
• Rückschlagventil
• TetraCrusta Menu 100ml
• AquaSafe 50ml
• Garnelen- und Krebsbroschüre
20 LITER
KÜCHE
BAD
Für mehr Informationen: www.tetra.net

Tetra
Sticks
Tetra
TetraCrusta Menu
Hauptfutter für Garnelen und Krebse
Aliment complet pour crustacés
Totaalvoeder bestemd voor garnalen en kreeftachtigen
Mangime di base per gamberetti, gamberi e granchi
Für Krebse und Garnelen
Für gesunde Abwechslung
4 Futtersorten in einer Dose
PIMP YOUR SHRIMP!
Für mehr Informationen: www.tetra.net